ZEITSCHRIFT FÜR ANGEWANDTE MATHEMATIK UND MECHANIK

INGENIEURWISSENSCHAFTLICHE FORSCHUNGSARBEITEN

BAND 57 1977 HEFT 10

AUS DEM INHALT

AKADEMIE-VERLAG · BERLIN

ZAMM Bd. 57 Nr. 10 S. 565—620 Berlin, Oktober 1977

EVP 18,— M 34115

INHALT

Wir bitten, **Manuskriptsendungen** zweifach (Original und eine Kopie, sprachlich einwandfrei, Formeln mit Maschine oder in Druckschrift geschrieben) an folgende Anschrift zu richten:

Zeitschrift für Angewandte Mathematik und Mechanik z. Hd. Herrn Prof. Dr. Günter Schmidt
Zentralinstitut für Mathematik und Mechanik an der Akademie der Wissenschaften der DDR
DDR-108 Berlin, Mohrenstraße 39.

Zu den Arbeiten, die als Hauptaufsätze bestimmt sind, ist auf gesondertem Blatt eine Zusammenfassung von 5 bis 10 Zeilen in englischer und (möglichst) deutscher und russischer Sprache beizufügen. Ausführliche Hinweise für die Autoren, um deren strikte Berücksichtigung gebeten wird, finden sich im Anschluß an das Inhaltsverzeichnis des Jahrganges **56** (1976).

Die Autoren erhalten von den Hauptaufsätzen 75, von den Kleinen Mitteilungen 25 Sonderdrucke ohne Berechnung, darüber hinaus weitere Sonderdrucke gegen Berechnung.

Der Verlag behält sich für alle Beiträge das Recht der Vervielfältigung, Verbreitung und Übersetzung vor.

Bezugsmöglichkeiten: Bestellungen sind zu richten

- **in der DDR** an den Postzeitungsvertrieb; an eine Buchhandlung oder an den Akademie-Verlag, DDR-108 Berlin, Leipziger Straße 3—4
- **im sozialistischen Ausland** an eine Buchhandlung für fremdsprachige Literatur oder an den zuständigen Postzeitungsvertrieb
- **in der BRD und Westberlin** an eine Buchhandlung oder an die Auslieferungsstelle KUNST UND WISSEN, Erich Bieber, 7 Stuttgart 1, Wilhelmstraße 4—6
- **in Österreich** an den Globus-Buchvertrieb, 1201 Wien, Höchstädtplatz 3
- **im übrigen Ausland** an den Internationalen Buch- und Zeitschriftenhandel; den Buchexport, Volkseigener Außenhandelsbetrieb der Deutschen Demokratischen Republik, DDR-701 Leipzig, Postfach 160, oder an den Akademie-Verlag, DDR-108 Berlin, Leipziger Straße 3—4

ZEITSCHRIFT FÜR ANGEWANDTE MATHEMATIK UND MECHANIK
Herausgeber und Chefredakteur: Prof. Dr. Günter Schmidt (redaktionelle Mitarbeit: Dr. W. Heinrich und Dr. H. Weinert), Zentralinstitut für Mathematik und Mechanik der Akademie der Wissenschaften der DDR. Verlag: Akademie-Verlag, DDR-108 Berlin, Leipziger Straße 3—4; Fernruf: 2236221 oder 2236229; Telex-Nr.: 114420; Postscheckkonto: Berlin 35021. Bank: Staatsbank der DDR, Berlin, Kto.-Nr.: 6836-26-20712. Anschrift der Redaktion: Zentralinstitut für Mathematik und Mechanik der Akademie der Wissenschaften, DDR-108 Berlin, Mohrenstraße 39; Fernruf: 2000561.

Veröffentlicht unter der Lizenznummer 1282 des Presseamtes beim Vorsitzenden des Ministerrates der Deutschen Demokratischen Republik. Gesamtherstellung: VEB Druckerei „Thomas Müntzer", DDR-582 Bad Langensalza. Erscheinungsweise: Die Zeitschrift für Angewandte Mathematik und Mechanik erscheint monatlich. Die 12 Hefte eines Jahres einschließlich Tagungsheft bilden einen Band. Bezugspreis je Band 300,— M zuzüglich Versandspesen (Preis für die DDR 216,—M). Bezugspreis je Heft 25,— M (Preis für die DDR 18,—M). Bestellnummer dieses Heftes: 1009/57/10.

AN (EDV) 35 937

ZAMM 57, 565 – 569 (1977)

H. GRUNDMANN

Ein Ansatz für die Werkstoffdämpfung zwei- und dreidimensionaler Kontinua

Zur phänomenologischen Beschreibung der Werkstoffdämpfung wird eine Verknüpfung zwischen der Mittelspannung und der Volumendehnung einerseits und den Komponenten des Spannungs- und Verzerrungsdeviators andererseits entwickelt, durch die der Energieverlust in Beziehung zur Volumen- und Gestaltänderungsarbeit gesetzt wird. Ein besonderer Vorteil des Ansatzes besteht darin, daß für periodische Bewegungen eine übersichtliche komplexe Schreibweise möglich ist, und daß sich eine Linearisierung in einfacher Weise anbietet.

For the phenomenological description of the internal damping some equations are developed connecting the hydrostatic pressure and dilatation of volume on the one hand and the components of the stress- and the strain-deviator on the other hand. For a periodical motion clear complex formulations are possible. The given equations allow a simple linearisation.

С целью феноменологического описания свойств материалов, связанных с затуханием, строится связь между средним напряжением и объёмным расширением, с одной стороны, и компонентами девиаторов напряжения и деформации, с другой стороны. С помощью этой связи потеря энергии ставится в зависимость от работы изменения объёма и формы. Особым преимуществом этого подхода является то, что в случае периодических движений возможно обозримое комплексное описание. Кроме того, сравнительно простым путём достигается линеаризация.

1. Einleitung

Die Werkstoffdämpfung unter einachsiger Beanspruchung wird in phänomenologischer Betrachtungsweise von LAZAN [1], PISARENKO [2] und SOROKIN [3] zusammenfassend beschrieben. Über mehrachsige Spannungszustände liegen bisher nur in geringem Maße Versuchsergebnisse und Berechnungsansätze vor, so bei PISARENKO [4], HOOKER [5], MENTEL [6], KHIL'CHEVSKIJ und DUBENETS [7] sowie WHITTIER [8]. Nach den Angaben in dem zitierten Schrifttum ist die Dämpfung für die üblichen Frequenzverhältnisse in Maschinenkonstruktionen und Bauwerken vorherrschend nur von den Spannungs- und Dehnungsamplituden abhängig, die übrigen Einflußgrößen wie die Frequenz, die Temperatur oder die Lastwechselzahl haben in der Regel nur untergeordnete Bedeutung.

Im folgenden wird auf Grund von Energiebetrachtungen ein Werkstoffansatz zur phänomenologischen Beschreibung periodisch veränderlicher mehrachsiger Spannungs- oder Verzerrungszustände entwickelt. Mit dem vorrangigen Ziel, eine weithin anwendbare lineare Näherungsmöglichkeit einzuschließen, orientiert sich der Aufbau des Ansatzes an einer Formulierung von SOROKIN für die einachsige Beanspruchung. Gestützt auf theoretische Untersuchungen und Versuchsergebnisse im Schrifttum, hat MÜLLER die Anwendbarkeit dieses Ansatzes eingehend erörtert.

2. Allgemeiner Spannungs- und Verzerrungszustand

In einem isotropen Material ist die Mittelspannung $\bar{\sigma} = 1/3\, \sigma_{ii}$ über den Kompressionsmodul K mit der mittleren Dehnung $\bar{\varepsilon} = 1/3\, \varepsilon_{ii}$ verknüpft:

$$\bar{\sigma} = 3K\bar{\varepsilon} \,. \tag{1}$$

Zwischen dem Spannungsdeviator $\sigma'_{ij} = \sigma_{ij} - \delta_{ij}\bar{\sigma}$ und dem Verzerrungsdeviator $\varepsilon'_{ij} = \varepsilon_{ij} - \delta_{ij}\bar{\varepsilon}$ herrscht mit dem Schubmodul G der Zusammenhang

$$\sigma'_{ij} = 2G\varepsilon'_{ij} \,. \tag{2}$$

Kennzeichnend für den Verzerrungsdeviator ist die Invariante

$$\bar{\gamma} = \frac{2}{\sqrt{3}} \sqrt{\varepsilon'^2_{11} + \varepsilon'^2_{22} + \varepsilon'^2_{33} + 2\,(\varepsilon'^2_{12} + \varepsilon'^2_{23} + \varepsilon'^2_{31})} \,. \tag{3}$$

Die gesamte Formänderungsenergie A kann in 2 Anteile, nämlich die Energie A_V der gestalttreuen Volumenänderung und die Energie A_G der volumentreuen Gestaltänderung aufgespalten werden: $A = A_V + A_G$ mit

$$A_V = \tfrac{9}{2} K\bar{\varepsilon}^2 \tag{4}$$

und

$$A_G = \tfrac{3}{4} G\bar{\gamma}^2 \,. \tag{5}$$

3. Rechenannahmen für die Werkstoffdämpfung

Für die einachsige Beanspruchung mit der Spannungsamplitude σ_{x0} beschreibt LAZAN die Werkstoffdämpfung durch eine Beziehung

$$E_D = I\sigma^n_{x0} \,, \tag{6}$$

in der — getrennt für 3 verschiedene Beanspruchungsbereiche — jeweils der Wert I und der Exponent n unterschiedlich einzusetzen sind.

Die Dämpfungsenergie kann mit $a = I \cdot (2E)^r$ und $r = n/2$ (wiederum bereichsweise) durch die elastische Formänderungsenergie U_0 im Augenblick des Maximalausschlages dargestellt werden:

$$E_D = a U_0^r . \tag{7}$$

Der Quotient

$$\psi = E_D / U_0 , \tag{8}$$

die relative Dämpfung, ist eine Funktion der Spannungs- bzw. Dehnungsamplituden, $\psi = \psi(\sigma_{x0})$ bzw. $\psi = \psi(\varepsilon_{x0})$. Die Abhängigkeit der relativen Dämpfung von der Dehnungsamplitude ε_{x0} hat SOROKIN für den gesamten Beanspruchungsbereich unterhalb der Ermüdungsfestigkeit in Form einer Potenzreihe angesetzt, in der gemäß einem Ansatz von ASANO [10] lediglich gerade Exponenten berücksichtigt werden:

$$\psi(\varepsilon_{x0}) = \psi_0 + \psi_0 \varepsilon_{x0}^2 + \cdots . \tag{9}$$

Eine konsequente Weiterentwicklung der zitierten Arbeiten auf mehrachsige Spannungszustände stellt eine von HOOKER [5] und unabhängig davon auch von PISARENKO [4] angegebene Hypothese dar, nach der die gesamte durch Dämpfung aufgezehrte Energie E_D abhängig ist von der Formänderungsenergie des mehrachsigen Spannungszustandes und zwar in unterschiedlichem Maße von der Volumenänderungs- und von der Gestaltänderungsarbeit im Augenblick der Maximalverformung:

$$E_D = a A_{V0}^{r_1} + b A_{G0}^{r_2} . \tag{10}$$

Das jeweilige Gewicht der beiden Arbeitsanteile wird durch unterschiedliche Konstanten a, b und — entsprechend den physikalischen Ursachen — im allgemeinen unterschiedliche Exponenten r_1 und r_2 festgelegt. Diese Konstanten und auch die Exponenten nehmen in den drei Beanspruchungsbereichen wieder jeweils verschiedene Werte an. Um Anschluß an die Schreibweise von LAZAN zu finden, wurden, dem Ansatz von HOOKER folgend, die Exponenten r_1 und r_2 für beide Arbeitsanteile gleich angesetzt: $r_1 = r_2 = r$. Mit den Beziehungen (4) und (5) entsteht aus (10)

$$E_D = a\left(\tfrac{9}{2} K\right)^r \bar{\varepsilon}_0^{2r} + b\left(\tfrac{3}{4} G\right)^r \bar{\gamma}_0^{2r} .$$

Dieser Ausdruck wird umgeformt in

$$E_D = \tfrac{9}{2} K \bar{\varepsilon}_0^2 a \left(\tfrac{9}{2} K\right)^{r-1} \bar{\varepsilon}_0^{2r-2} + \tfrac{3}{4} G \bar{\gamma}_0^2 b \left(\tfrac{3}{4} G\right)^{r-1} \bar{\gamma}_0^{2r-2} = A_{V0}\, \psi_V(\bar{\varepsilon}_0^2) + A_{G0}\, \psi_G(\bar{\gamma}_0^2) , \tag{11}$$

wobei

$$\psi_V(\bar{\varepsilon}_0^2) = a\left(\tfrac{9}{2} K\right)^{r-1} \bar{\varepsilon}_0^{2r-2}$$

und

$$\psi_G(\bar{\gamma}_0^2) = b\left(\tfrac{3}{4} G\right)^{r-1} \bar{\gamma}_0^{2r-2}$$

gesetzt wurde. Die angeschriebenen Zusammenhänge sind wieder bereichsweise gültig. Eine der Berechnung einfacher zugängliche Formulierung ergibt sich, wenn man den angeschriebenen Zusammenhängen Reihenansätze anpaßt,

$$\psi_V(\bar{\varepsilon}_0^2) = \psi_{0V} + \frac{\psi_{2V}}{\psi_{0V}} \bar{\varepsilon}_0^2 + \cdots \tag{12}$$

$$\psi_G(\bar{\gamma}_0^2) = \psi_{0G} + \frac{\psi_{2G}}{\psi_{0G}} \bar{\gamma}_0^2 + \cdots , \tag{13}$$

in denen gemäß [10] wieder nur gerade Exponenten berücksichtigt werden.

Um die Koeffizienten dieser Reihen festzulegen, sind zwei einfache Grundbeanspruchungszustände zu betrachten:

a) Die reine Schubbeanspruchung (z. B. Torsion eines dünnwandigen Zylinders). Hier ist die Volumenänderungsenergie gleich Null, so daß $\psi_G(\bar{\gamma}_0^2)$ aus den vorliegenden Versuchsergebnissen unmittelbar berechnet werden kann.

b) Die reine Zugbeanspruchung. Jetzt ist $A_V \neq 0$ und $A_G \neq 0$, so daß die Ergebnisse für $\psi_G(\bar{\gamma}_0^2)$ zu benutzen sind, wenn nun $\psi_V(\bar{\varepsilon}_0^2)$ bestimmt werden soll.

Die bisher angeschriebenen Formeln gestatten, für gegebene Schwingungsgrenzlinien eine Energiebilanz aufzustellen. Um die Schwingungsgrenzlinie selbst zu bestimmen, ist es nötig, darüberhinaus einen Zusammenhang zwischen den Spannungen und den Verzerrungen herzuleiten. Dabei ist es wesentlich, den Energiehaushalt möglichst wirklichkeitsnah zu erfassen. Einer genauen Wiedergabe der wirklichen Form der Hysteresiskurve kommt dagegen nur geringere Bedeutung zu.

Die einfachsten Zusammenhänge ergeben sich, wenn — aufbauend auf (1) und (2) die Form der Hysteresiskurve jeweils elliptisch angenommen wird:

$$\bar{\sigma} = 3K\left(\bar{\varepsilon} \pm \frac{\psi_V(\bar{\varepsilon}_0^2)}{2\pi} \bar{\varepsilon}_0 \sqrt{1 - \frac{\bar{\varepsilon}^2}{\bar{\varepsilon}_0^2}}\right); \tag{14}$$

$$\sigma'_{ij} = 2G\left[\varepsilon'_{ij} \pm \frac{\psi_G(\bar{\gamma}_0^2)}{2\pi} \varepsilon'_{ij,0} \sqrt{1 - \left(\frac{\varepsilon'_{ij}}{\varepsilon'_{ij,0}}\right)^2}\right]. \tag{15}$$

Die jeweilige Verzerrungsamplitude ist wieder durch einen zusätzlichen unteren Index 0 gekennzeichnet. Verändern sich die Verzerrungen periodisch,

$$\bar{\varepsilon} = \bar{\varepsilon}_0 \sin\varphi(t) \quad \text{bzw.} \quad \varepsilon'_{ij} = \varepsilon'_{ij,0} \sin\varphi(t) , \tag{16, 17}$$

dann sind diese Beziehungen auch durch

$$\bar{\sigma} = 3K\left[\bar{\varepsilon} + \frac{\psi_V(\bar{\varepsilon}_0^2)}{2\pi}\frac{\mathrm{d}\bar{\varepsilon}}{\mathrm{d}\varphi}\right] \quad \text{bzw.} \quad \sigma'_{ij} = 2G\left[\varepsilon'_{ij} + \frac{\psi_G(\bar{\gamma}_0^2)}{2\pi}\frac{\mathrm{d}\varepsilon'_{ij}}{\mathrm{d}\varphi}\right] \tag{18, 19}$$

darstellbar.

In komplexer Schreibweise

$$\hat{\bar{\varepsilon}} = \bar{\varepsilon}_0\, \mathrm{e}^{i\varphi(t)} \quad \text{bzw.} \quad \hat{\varepsilon}'_{ij} = \varepsilon'_{ij,0}\, \mathrm{e}^{i\varphi(t)} \tag{20, 21}$$

nehmen die Ansätze die Form

$$\hat{\bar{\sigma}} = 3K\hat{\bar{\varepsilon}}\left[1 + i\,\frac{\psi_V(\bar{\varepsilon}_0^2)}{2\pi}\right] = 3\hat{K}(\bar{\varepsilon}_0^2)\,\hat{\bar{\varepsilon}} \tag{22}$$

bzw.

$$\hat{\sigma}'_{ij} = 2G\hat{\varepsilon}'_{ij}\left[1 + i\,\frac{\psi_G(\bar{\gamma}_0^2)}{2\pi}\right] = 2\hat{G}(\bar{\gamma}_0^2)\,\hat{\varepsilon}'_{ij} \tag{23}$$

an.

Die angeschriebenen Ansätze führen auf die richtige Größe für die Dämpfungsenergie. Das erste Glied gibt den elastischen Anteil wieder, so daß die Dämpfungsenergie lediglich jeweils aus dem zweiten Anteil zu berechnen ist.

Die innerhalb einer Schwingungsperiode T entstehende Dämpfungsarbeit infolge des hydrostatischen Spannungsanteils ergibt sich aus

$$E_{D,V} = \int \mathrm{d}E_{D,V} = \int 3\cdot 3K\,\frac{\psi_V(\bar{\varepsilon}_0^2)}{2\pi}\frac{\mathrm{d}\bar{\varepsilon}}{\mathrm{d}\varphi}\,\mathrm{d}\bar{\varepsilon} = 9K\,\frac{\psi_V(\bar{\varepsilon}_0^2)}{2\pi}\,\bar{\varepsilon}_0^2\int_{(T)}\cos^2(\varphi(t))\,\mathrm{d}\varphi = \frac{9}{2}K\bar{\varepsilon}_0^2\,\psi_V(\bar{\varepsilon}_0^2) = A_{V0}\psi_V(\bar{\varepsilon}_0^2)\,.$$

Ganz entsprechend entsteht infolge des deviatorischen Anteils die Dämpfungsarbeit

$$\begin{aligned} E_{D,G} = \int \mathrm{d}E_{D,G} &= \int 2G\,\frac{\psi_G(\bar{\gamma}_0^2)}{2\pi}\left[\frac{\mathrm{d}\varepsilon'_{11}}{\mathrm{d}\varphi}\mathrm{d}\varepsilon'_{11} + \frac{\mathrm{d}\varepsilon'_{22}}{\mathrm{d}\varphi}\mathrm{d}\varepsilon'_{22} + \frac{\mathrm{d}\varepsilon'_{33}}{\mathrm{d}\varphi}\mathrm{d}\varepsilon'_{33} + 2\frac{\mathrm{d}\varepsilon'_{12}}{\mathrm{d}\varphi}\mathrm{d}\varepsilon'_{12} + 2\frac{\mathrm{d}\varepsilon'_{23}}{\mathrm{d}\varphi}\mathrm{d}\varepsilon'_{23} + \right. \\ &\quad \left. + 2\frac{\mathrm{d}\varepsilon'_{31}}{\mathrm{d}\varphi}\mathrm{d}\varepsilon'_{31}\right] \\ &= \frac{3}{4}G\bar{\gamma}_0^2\psi_G(\bar{\gamma}_0^2) = A_{G0}\psi_G(\gamma_0^2) \end{aligned}$$

wie in (11) angesetzt.

Eine Hypothese von Sorokin auf die mehrachsigen Beanspruchungen sinngemäß übertragend, werden (18), (19) bzw. (22), (23), die nur für die einfache Bewegung gemäß (16), (17) bzw. (20), (21) aus (14), (15) hergeleitet wurden, auch als Ansatz für beliebige Schwingungsbewegungen vorgeschlagen.

4. Aufbereitung des Ansatzes für zweidimensionale Probleme

4.1. Ebener Spannungszustand

Der ebene Spannungszustand ist dadurch gekennzeichnet, daß die Spannungen $\hat{\sigma}_z = \hat{\sigma}_{33}$, $\hat{\tau}_{xz} = \hat{\sigma}_{13}$, $\hat{\tau}_{yz} = \hat{\sigma}_{23}$ gleich Null sind. Damit verschwinden auch die Gleitungen $\hat{\gamma}_{xz} = \hat{\varepsilon}_{13}$ und $\hat{\gamma}_{yz} = \hat{\varepsilon}_{23}$, während die Mittelspannung durch

$$\hat{\bar{\sigma}} = \tfrac{1}{3}\,\hat{\sigma}_{ii} = \tfrac{1}{3}\,(\hat{\sigma}_{11} + \hat{\sigma}_{22}) = \tfrac{1}{3}\,(\hat{\sigma}_x + \hat{\sigma}_y)$$

gebildet wird.

Mit Hilfe von (22) kann $\bar{\varepsilon}$ gebildet werden:

$$\hat{\bar{\varepsilon}} = \frac{\hat{\bar{\sigma}}}{3\hat{K}} = \frac{\hat{\sigma}_x + \hat{\sigma}_y}{9\hat{K}}\,.$$

Von dieser Gleichung ausgehend kann das Werkstoffgesetz für die einzelnen Komponenten des Spannungsdeviators angeschrieben werden. Die Auflösung der Gleichungen für σ'_{11} und σ'_{22} ergibt mit der komplexen Querdehnzahl

$$\hat{\mu}(\bar{\varepsilon}_0, \bar{\gamma}_0) = \frac{1}{2}\,\frac{3\hat{K}(\bar{\varepsilon}_0^2) - 2\hat{G}(\bar{\gamma}_0^2)}{3\hat{K}(\bar{\varepsilon}_0^2) + \hat{G}(\bar{\gamma}_0^2)} \tag{24}$$

$$\hat{\sigma}_x = \frac{2\hat{G}}{1-\hat{\mu}}\,(\hat{\varepsilon}_x + \hat{\mu}\,\hat{\varepsilon}_y)\,, \tag{25}$$

$$\hat{\sigma}_y = \frac{2\hat{G}}{1-\hat{\mu}}\,(\hat{\varepsilon}_y + \hat{\mu}\,\hat{\varepsilon}_x)\,, \tag{26}$$

$$\hat{\tau}_{xy} = \hat{G}\hat{\gamma}_{xy}\,. \tag{27}$$

4.2. Biegung dünner Platten

Indem man die Spannungen σ_z quer zur Plattenmittelfläche, wie in der Theorie dünner Platten üblich, vernachlässigt, ergeben sich für den Zusammenhang zwischen Spannungen und Dehnungen die gleichen Zusammenhänge (25), (26), (27), wie im ebenen Spannungszustand. Drückt man die Verzerrungen durch die Krümmungen und die Verwindung der Plattenmittelfläche aus, dann entsteht mit $\hat{w} = w(x)\, e^{i\varphi(t)}$

$$\hat{\sigma}_x = -z \frac{2\hat{G}}{1-\hat{\mu}} (\hat{w}'' + \hat{\mu}\hat{w}^{\cdot\cdot}),$$

$$\hat{\sigma}_y = -z \frac{2\hat{G}}{1-\hat{\mu}} (\hat{w}^{\cdot\cdot} + \hat{\mu}\hat{w}''),$$

$$\hat{\tau}_{xy} = -z\, 2\hat{G}\hat{w}'^{\cdot}.$$

Diese Spannungen werden durch Integration zu resultierenden Schnittgrößen

$$\hat{M}_x = \int \hat{\sigma}_x z\, dz, \qquad \hat{M}_y = \int \hat{\sigma}_y z\, dz, \qquad \hat{M}_{xy} = \int \hat{\tau}_{xy} z\, dz$$

zusammengefaßt.

Die komplexen Werkstoffkenngrößen sind von den Amplituden der Plattenverzerrungen abhängig. Bevor die angeschriebenen Integrale ausgewertet werden können, ist es nötig, diese Abhängigkeiten zu bestimmen. Es ist hierbei naheliegend, für die kleine Größe ε_{z_0} in sehr guter Näherung $\varepsilon_{z_0} = (\varepsilon_{x_0} + \varepsilon_{y_0}) \cdot \mu/(1-\mu)$ wie in der Statik des ebenen Verzerrungszustandes einzusetzen. Damit ergeben sich als Kenngrößen der Verzerrung die Amplitude der Mitteldehnung

$$\bar{\varepsilon}_0 = \frac{1}{3}(\varepsilon_{x_0} + \varepsilon_{y_0} + \varepsilon_{z_0}) = \frac{1}{3}\left[\varepsilon_{x_0} + \varepsilon_{y_0} - \frac{\mu}{1-\mu}(\varepsilon_{x_0} + \varepsilon_{y_0})\right] = -z\,\frac{1}{3}\,\frac{1-2\mu}{1-\mu}[w'' + w^{\cdot\cdot}]$$

und die Amplitude des Schermaßes

$$\bar{\gamma}_0^2 = \tfrac{9}{8}\,[\mu_1(w''^2 + w^{\cdot\cdot 2}) + \mu^2 w'' w^{\cdot\cdot} + 3w'^{\cdot 2}]\, z^2$$

mit den Abkürzungen

$$\mu_1 = \frac{\mu}{(1-\mu)^2} + 1 \qquad \text{und} \qquad \mu_2 = \frac{2\mu}{(1-\mu)^2} - 1\,.$$

Wie aus (24) zu ersehen, hängt $\hat{\mu}$ über $\hat{K}(\bar{\varepsilon}_0^2)$ und $\hat{G}(\bar{\gamma}_0^2)$ von den Verzerrungsgrößen $\bar{\varepsilon}_0^2$ und $\bar{\gamma}_0^2$ ab. Da jedoch die Querdehnzahl eine kleine Zahl ist, deren Größe nur mit geringer Genauigkeit festliegt, erscheint es gerechtfertigt, die Abhängigkeit $\hat{\mu} = \hat{\mu}(\bar{\varepsilon}_0, \bar{\gamma}_0)$ zu vernachlässigen und $\hat{\mu}$ als komplexe Konstante anzusehen.

Nach dieser Vereinfachung ist es möglich, die angeschriebenen Integrale auszuwerten. Mit den Reihenansätzen (12) und (13) sowie den Abkürzungen

$$\alpha_2 = 12\,\frac{\int z^4\, dz}{h^3}, \qquad \alpha_4 = 12\,\frac{\int z^6\, dz}{h^3}$$

ergibt sich schließlich

$$\hat{M}_x = \frac{\hat{G}h^3}{6(1-\hat{\mu})}(\hat{w}'' + \hat{\mu}\hat{w}^{\cdot\cdot})\left\{1 + i\,\frac{\psi_{G_0}}{2\pi}\left(1 + \alpha_2\frac{\psi_{G_2}}{\psi_{G_0}}\bar{\gamma}_0^2 + \alpha_4\frac{\psi_{G_4}}{\psi_{G_0}}\bar{\gamma}_0^4 \ldots\right)\right\}, \tag{28}$$

$$\hat{M}_y = -\frac{\hat{G}h^3}{6(1-\hat{\mu})}(\hat{w}^{\cdot\cdot} + \hat{\mu}\hat{w}'')\left\{1 + i\,\frac{\psi_{G_0}}{2\pi}\left(1 + \alpha_2\frac{\psi_{G_2}}{\psi_{G_0}}\bar{\gamma}_0^2 + \alpha_4\frac{\psi_{G_4}}{\psi_{G_0}}\bar{\gamma}_0^4 \ldots\right)\right\}, \tag{29}$$

$$\hat{M}_{xy} = -\frac{\hat{G}h^3}{6}\hat{w}'^{\cdot}\left\{1 + i\,\frac{\psi_{G_0}}{2\pi}\left(1 + \alpha_2\frac{\psi_{G_2}}{\psi_{G_0}}\bar{\gamma}_0^2 + \alpha_4\frac{\psi_{G_4}}{\psi_{G_0}}\bar{\gamma}_0^4 \ldots\right)\right\}. \tag{30}$$

5. Zusammenfassung

Der Energieverlust infolge zeitlich veränderlicher mehrachsiger Spannungszustände steht in Beziehung zur Volumen- und zur Gestaltänderungsarbeit. Nach Hooker kann die Dämpfungsenergie durch eine Summe aus Potenzen beider Arbeiten angesetzt werden.

Als Stoffgesetz zur phänomenologischen Beschreibung der Werkstoffdämpfung wurde eine Verknüpfung zwischen der Mittelspannung und der Volumendehnung einerseits und den Komponenten des Spannungs- und des Verzerrungsdeviators andererseits entwickelt, die den von Hooker entwickelten Vorstellungen entspricht. Treten lediglich periodische Bewegungen auf, dann ist eine übersichtliche komplexe Schreibweise möglich. Der allgemeine Ansatz wird für den ebenen Spannungszustand und das Problem der Plattenbiegung weiterentwickelt. Ein besonderer Vorteil des Ansatzes besteht darin, daß eine einfache Linearisierung möglich ist, die für verschiedene Baumaterialien im gesamten Beanspruchungsbereich bereits ausreichend sein dürfte, die im übrigen aber für die nichtlineare Berechnung eine erste Näherung liefert. Auf diese Näherung kann sich dann die weitere nichtlineare Berechnung stützen.

Literatur

1 LAZAN, B. J., Damping of Materials and Members in Structural Mechanics, New York, Pergamon Press 1968.
2 PISARENKO, G. S., Dissipation of Energy during Mechanical Vibration, Pub. by the Acad. of Sciences of the Ukrainean SSR, Kiew 1962, Transl. of the National Lending Library for Science and Technology, Boston Spa. Yorkshire 1964.
3 SOROKIN, E. S., Die Methode der Berechnung des unelastischen Materialwiderstandes bei der Berechnung der Schwingungen von Konstruktionen, Dynamik von Baukonstruktionen, KORENEW, B. G. (Herausgeber), VEB Verlag Technik, Berlin 1953.
4 PISARENKO, G. S., Vibration of Mechanical Systems with Consideration of Imperfect Elastic Materials (russisch), Izdatelstvo 'Naukova Dumka', Kiew 1970.
5 HOOKER, R. H., Equivalent Stresses for Representing Damping in Combined Stress, Journal of Sound and Vibration **10** (1969).
6 MENTEL, T., Vibrational Energy Dissipation at Structural Support Junctions, Ruzicka Structural Damping, Pergamon Press, Oxford 1959.
7 KHIL'CHEVSKIJ, V. V., DUBENETS, V. G., Calculating Energy Dissipation for the Complex Stressed State, Journal Strenght of Materials **3** (1971).
8 WHITTIER, J. S., Hysteretic Damping of Structural Materials under Biaxial Dynamic Stresses, Experimental Mechanics **2**, 11 (November 1962).
9 MÜLLER, R., Ein Beitrag zur wirklichkeitsnahen Berücksichtigung der Materialdämpfung bei Berechnung harmonisch erregter Schwingungen kontinuierlicher Systeme am Beispiel des „Timoshenko-Balkens". Als Dissertation an der Technischen Universität München eingereicht.
10 ASANO, S., A Simplified Method for Calculation of Strain Dependence of Internal Friction in Transverse Vibrations, Japanese Journal of Appl. Physics 8 (1969).

Eingereicht am 16. 12. 1976

Anschrift: Prof. Dr.-Ing. H. GRUNDMANN, Institut für Bauingenieurwesen I, Technische Universität München, D-8 München 2, Arcisstraße 21, Bundesrepublik Deutschland

ZAMM 57, 571 – 577 (1977)

ECKHARD PLATEN

Sequentielle Rangauswahlprobleme — eine Erweiterung des „Secretary Problems"[1])

Für sequentielle Rangauswahlprobleme, bei denen es sich um die Auswahl von m aus n ($1 \leqq m \leqq n$) sequentiell beobachtbaren Objekten ohne Rückgriffsmöglichkeit mit dem Ziel der Maximierung einer vorgegebenen Ertragsfunktion handelt, wird unter Voraussetzung einer bestehenden Rangfolge für die einzelnen Objekte die allgemeine Lösung angegeben. Davon ausgehend erfolgt die Lösung des speziellen Problems der Maximierung der Wahrscheinlichkeit für die Auswahl genau der m besten Objekte. Abschließend wird das asymptotische Verhalten der dabei gewonnenen optimalen Strategien bezüglich wachsender Objektanzahl n untersucht.

In this paper sequential rank choice problems are considered where m of n ($1 \leqq m \leqq n$) objects are to be chosen in order to maximize a given costfunction. The general solution is given without possibility of return on the understanding of the existence of a rank order for the n objects. In the following the special problem of maximizing the probability to choice the m best objects is solved. The last part of this paper deals with the asymptotic behavior of the optimal strategies for $n \to \infty$.

Для последовательных проблем выдора, т. е. проблем выдора m цз n ($1 \leqq m \leqq n$) последовательно наблудаетых объектов без возможности возвращения с целью максимизации заданной функции выигрыта, даётся общее решение при предпаложении упорлдочения объектов. Исходя из этого решается проблема максимизации вероятности выдора m лучших объектов. Далее исследуется асимптотическое поведение найденных оптимальных стратегий при возрастании числа объектов n.

1. Die allgemeine Lösung für sequentielle Rangauswahlprobleme

Sequentielle Rangauswahlprobleme sind in der Literatur bereits in verschiedenster Weise formuliert und untersucht worden. Man findet sie beispielsweise bei DYNKIN, JUSCHKEWITSCH [1], SCHIRJAJEW [6], HENKE [2] oder MÜLLER, PLATEN [3] und [4].

Folgende Aufgabenstellung bezeichnen wir als

sequentielles Rangauswahlproblem:

Gegeben ist eine Menge von n Objekten, die so beschaffen sind, daß man von je zweien stets entscheiden kann, welches das bessere ist. Das Ziel besteht darin, m der insgesamt n Objekte so auszuwählen, daß eine vorgegebene Ertragsfunktion maximiert (bzw. minimiert) wird. Die Qualität sämtlicher n Objekte ist zunächst unbekannt. Man hat jedoch die Möglichkeit, die Objekte sequentiell zu sichten. Auf Grund eines Vergleiches mit den bereits beobachteten Objekten soll jeweils sofort über eine mögliche Auswahl des gerade betrachteten Objektes entschieden werden, d. h., es besteht keine Rückgriffmöglichkeit auf bereits gesichtete und nicht ausgewählte Objekte. Gesucht ist eine optimale Strategie für die Auswahl, welche die Ertragsfunktion maximiert (bzw. minimiert).

Im folgenden geben wir zunächst eine Zusammenfassung der in [5] enthaltenen Lösung dieses Problems:

Den einzelnen Objekten ordnen wir sogenannte *absolute Rangzahlen* zu: Und zwar besitzt das beste Objekt die Rangzahl 1, das zweitbeste die Rangzahl 2, usw. und schließlich das Objekt mit der geringsten Qualität die Rangzahl n. Wir setzen dabei die Gleichwahrscheinlichkeit aller $n!$ möglichen Rangfolgen voraus. Im Verlauf der sequentiellen Sichtung können die bereits beobachteten Objekte zwar hinsichtlich ihrer Qualität verglichen, ihre absoluten Rangzahlen selbst jedoch nicht direkt ermittelt werden. Eine Auswahl ist lediglich auf Grund der festgestellten relativen Rangfolge der bereits beobachteten Objekte möglich. Sie erfolgt ohne Rückgriff auf bereits gesichtete und abgelehnte Objekte mit dem Ziel der Maximierung (bzw. Minimierung) einer vorgegebenen von den absoluten Rangzahlen der m ausgewählten Objekte abhängigen Ertragsfunktion.

Bezeichnungen:

R^1 — Menge der reellen Zahlen.

N — Menge der Beobachtungszeitpunkte; $N := \{1, 2, \dots, n\}$.

R_i — absolute Rangzahl des i-ten beobachteten Objektes; $i \in N$.

Y_i — relative Rangzahl des i-ten beobachteten Objektes; $i \in N$. Y_i ist die absolute Rangzahl des i-ten Objektes bezüglich der ersten i Objekte.

V — Menge der relativen Rangzahlen; $V := \{1, 2, \dots, n\}$.

J_i — Anzahl der in den Zeitpunkten $i, i + 1, \dots, n$ noch auszuwählenden Objekte; $i \in N$.

M — Menge der Anzahlen noch auszuwählender Objekte. $M := \{1, 2, \dots, m\}$; $\overline{M} := \{0, 1, 2, \dots, m\}$.

$D_i(y, j)$ — Entscheidungsvariable für die Auswahl des i-ten beobachteten Objektes mit der relativen Rangzahl $Y_i = y$ bei noch $J_i = j$ auszuwählenden Objekten; $(i, y, j) \in N \times V \times \overline{M}$. Dabei bedeutet

$$D_i(y, j) = \begin{cases} 1 & \text{Das } i\text{-te Objekt auswählen!} \\ 0 & \text{Das } i\text{-te Objekt nicht auswählen!} \end{cases}.$$

Wir setzen $D_i(y, 0) := 0$ und für $y > i$ $D_i(y, j) := 0$; $i \in N$, $y \in V$, $j \in M$.

D — Entscheidungsmenge; $D := \{0, 1\}$.

S_i — i-Rangstrategie: $S_i \mid \{i, i + 1, \dots, n\} \times V \times M \to D$; $i \in N$. Es ist $S_i(k, y, j) = D_k(y, j)$. Eine 1-Rangstrategie nennen wir auch kurz *Rangstrategie*. (Da nach [5] stets reine optimale Rangstrategien existieren, verzichten wir auf die Betrachtung gemischter Rangstrategien.)

[1]) Die Ergebnisse dieser Arbeit entstanden im Rahmen eines Forschungsstudiums an der Sektion Mathematik der Technischen Universität Dresden unter der Betreuung von Prof. P. H. MÜLLER.

$\mathfrak{K}_i$ — Klasse der i-Rangstrategien.

$w(i, y, j, S_i)$ — Ertragsfunktion im Zeitpunkt i für den im Zeitintervall $i, i+1, \ldots, n$ zu erwartenden Ertrag bei beobachteter relativer Rangzahl $Y_i = y$, noch $J_i = j$ auszuwählenden Objekten und Anwendung der i-Rangstrategie S_i; $S_i \in \mathfrak{K}_i$, $(i, y, j) \in N \times V \times M$, $y \leqq i$.

$\overline{w}(i, j, S_i)$ — gemittelte Ertragsfunktion (gemittelt bezüglich der zufälligen relativen Rangzahl Y_i); $S_i \in \mathfrak{K}_i$, $(i, j) \in N \times M$.

$$\overline{w}(i, j, S_i) := \mathsf{E}_{Y_i} w(i, Y_i, j, S_i) \tag{1}$$

$u(j)$ — Terminalertrag; $j \in \overline{M}$. Nach Sichtung aller n Objekte wird die Beobachtung abgebrochen und dabei in Abhängigkeit von der Anzahl $j = J_n - D_n(Y_n, J_n)$ der weniger als m ausgewählten Objekte ein Terminalertrag $u(j)$ ausgezahlt, den wir auch als „Strafe" bei Auswahl von nur $m - j$ Objekten interpretieren können. Und zwar ist

$$\overline{w}(n+1, j, S_{n+1}) := u(j), \quad j \in \overline{M}. \tag{2}$$

$v(i)$ — Stopertrag; $i \in N$. Sind bereits vor Sichtung sämtlicher n Objekte im Zeitpunkt $i < n$ alle m Objekte ausgewählt, ist also $J_i = 0$, so wird die Beobachtung gestopt und in Abhängigkeit vom Stopzeitpunkt i ein Stopertrag $v(i)$ ausgezahlt. Dabei ist

$$\overline{w}(i, 0, S_i) := v(i), \quad i \in N. \tag{3}$$

$w^*(i, j)$ — Wertfunktion im Zeitpunkt i bei noch $J_i = j$ auszuwählenden Objekten; $i \in \{1, 2, \ldots, n, n+1\}$, $j \in \overline{M}$. Und zwar ist

$$w^*(i, j) := \sup_{S_i \in \mathfrak{K}_i} \overline{w}(i, j, S_i) \quad \text{für} \quad (i, j) \in N \times M,$$

$$w^*(n+1, j) := u(j) \quad \text{für} \quad j \in \overline{M} \quad \text{und}$$

$$w^*(i, 0) := v(i) \quad \text{für} \quad i \in N.$$

Definition: Eine i-Rangstrategie $S_i \in \mathfrak{K}_i$ heißt *optimal*, wenn für alle $j \in M$ die Gleichung

$$\overline{w}(i, j, S_i) = w^*(i, j)$$

erfüllt ist; $i \in N$.

Die Lösung eines vorgegebenen sequentiellen Rangauswahlproblems besteht nun in der Ermittlung einer optimalen Rangstrategie S_1, welche den Wert der gemittelten Ertragsfunktion $\overline{w}(1, m, S_1)$ bezüglich der Klasse aller Rangstrategien $\mathfrak{K}_1$ maximiert.

Die den sequentiellen Entscheidungsprozessen adäquate Lösungsmethode ist die BELLMANsche Rückwärtstechnik (dynamische Optimierung). Die Anwendung dieser Methode setzt voraus:
1. die rekursive Berechenbarkeit der Ertragsfunktion in Rückwärtsschritten,
2. die Gültigkeit des BELLMANschen Optimalitätsprinzips.

Die beiden folgenden Voraussetzungen garantieren diese Eigenschaften:

V1: Eine Transformation f, $f \mid N \times V \times M \times D \times R^1 \to R^1$, bestimmt die Ertragsfunktion $w(i, y, j, d * S_{i+1})$ für alle $(i, y, j) \in N \times V \times M$, $y \leqq i$, und i-Rangstrategien $d * S_{i+1}$ bei gegebenem $\overline{w}(i+1, j-d, S_{i+1})$ über die Gleichung

$$w(i, y, j, d * S_{i+1}) = f\big(i, y, j, d, \overline{w}(i+1, j-d, S_{i+1})\big).$$[2]

V2: Für alle $(i, y, j, d) \in N \times V \times M \times D$, $y \leqq i$ gilt

$$\sup_{S_{i+1} \in \mathfrak{K}_{i+1}} f\big(i, y, j, d, \overline{w}(i+1, j-d, S_{i+1})\big) = f\Big(i, y, j, d, \sup_{S_{i+1} \in \mathfrak{K}_{i+1}} \overline{w}(i+1, j-d, S_{i+1})\Big).$$

Sämtliche Ertragsfunktionen der bisher aus der Literatur bekannten sequentiellen Rangauswahlprobleme erfüllen diese Voraussetzungen und fallen somit unter die folgende allgemeine Lösung sequentieller Rangauswahlprobleme:

(i) *Die Wertfunktion errechnet sich für alle $(i, j) \in N \times M$ rekursiv in Rückwärtsschritten über die* BELLMAN-*Gleichung*

$$w^*(i, j) = \frac{1}{i} \sum_{y=1}^{i} \max\big(f(i, y, j, 1, w^*(i+1, j-1)),\ f(i, y, j, 0, w^*(i+1, j))\big) \tag{4}$$

aus dem Terminalertrag

$$w^*(n+1, h) = u(h), \quad h \in \overline{M}, \tag{5}$$

und dem Stopertrag

$$w^*(k, 0) = v(k), \quad k \in N. \tag{6}$$

(ii) *Eine Rangstrategie $S_1 \in \mathfrak{K}_1$ ist genau dann optimal, wenn S_1 für alle $(k, y, j) \in N \times V \times M$, $y \leqq k$, der Bedingung*

$$S_1(k, y, j) = \begin{cases} 1 & \text{falls} \quad A > B \\ a(k, y, j) & \text{falls} \quad A = B \\ 0 & \text{falls} \quad A < B, \end{cases} \tag{7}$$

[2]) Die i-Rangstrategie $d * S_{i+1}$ entscheidet in dem Zeitintervall $i+1, i+2, \ldots, n$ wie die $i+1$-Rangstrategie S_{i+1} und im Zeitpunkt i mit der Entscheidung $D_i(Y_i, J_i) \equiv d$.

$A := f(k, y, j, 1, w^*(k+1, j-1))$,
$B := f(k, y, j, 0, w^*(k+1, j))$,
mit beliebigem $a(k, y, j) \in D$ genügt.

Der Beweis dieser Aussagen ist in [5] nachzulesen. (Für den Fall der Minimierung ergeben sich ganz analoge Beziehungen.)

2. Das Problem der Maximierung der Wahrscheinlichkeit für die Auswahl der m besten Objekte

Problemstellung:

Aus n sequentiell beobachtbaren Objekten, die eine Rangfolge besitzen, sind genau die m besten Objekte ohne Rückgriffsmöglichkeit mit maximaler Wahrscheinlichkeit auszuwählen.

Ausgehend von der allgemeinen Lösung untersuchen wir dieses *spezielle sequentielle Rangauswahlproblem.* Dabei sei:

L_i — Anzahl der m besten von den insgesamt n Objekten, die sich im Zeitintervall $i, i+1, \ldots, n$ befinden; $i \in N$.

$A(i, j, S_i)$ — Ereignis, daß im Zeitintervall $i, i+1, \ldots, n$ bei Anwendung der i-Rangstrategie S_i im Fall $J_i = j$ genau j der m besten Objekte ausgewählt werden;

$$S_i \in \mathfrak{R}_i \quad (i, j) \in N \times \overline{M} .$$

Weiter sei für alle $S_i \in \mathfrak{R}_i$, $(i, j) \in N \times \overline{M}$

$$B(i, j, S_i) := (A(i, j, S_i),\ L_i = j) . \tag{8}$$

Wir spezifizieren die im Rangauswahlmodell definierte *Ertragsfunktion* wie folgt:

$$w(i, y, j, S_i) := \mathsf{P}(B(i, j, S_i) \mid Y_i = y) . \tag{9}$$

Unter Verwendung von (1) ergibt sich dann als *gemittelte Ertragsfunktion*

$$\overline{w}(i, j, S_i) = \mathsf{P}(B(i, j, S_i)) . \tag{10}$$

Eine optimale Rangstrategie maximiert demnach die Wahrscheinlichkeit $\mathsf{P}(B(1, m, S_1))$ bezüglich aller Rangstrategien $S_1 \in \mathfrak{R}_1$ und ist damit Lösung des vorliegenden Problems.

Im folgenden prüfen wir, ob die in (9) spezifizierte Ertragsfunktion die Voraussetzung V1 des Rangauswahlmodells erfüllt:

Dabei bezeichnet $d * S_{i+1}$ eine i-Rangstrategie, welche im Zeitpunkt i die Entscheidung $D_i(Y_i, J_i) \equiv d$ veranlaßt. Das Ereignis $L_{i+1} = L_i - a$ besagt im Fall $a = 1$ bzw. $a = 0$:

Das i-te Objekt gehört bzw. gehört nicht zu den m besten Objekten. Im Fall $J_i = j$ und $D_i(Y_i, J_i) = d$ ergibt sich dann aus der Definition von $B(i, j, d * S_{i+1})$ wegen $J_{i+1} = J_i - D_i(Y_i, J_i) = j - d$ die Aussage

$$B(i, j, d * S_{i+1}) = (B(i+1, j-d., S_{i+1}),\ L_{i+1} = L_i - d) .$$

Ausgehend von (9) und (8) erhalten wir nun die Gleichung

$$\begin{aligned} w(i, y, j, d * S_{i+1}) &= \mathsf{P}(A(i+1, j-d, S_{i+1}),\ L_{i+1} = L_i - d,\ L_i = j \mid Y_i = y) \\ &= \mathsf{P}(A(i+1, j-d, S_{i+1}),\ L_{i+1} = L_i - d,\ L_{i+1} = j - d,\ Y_i = y)/\mathsf{P}(Y_i = y) \\ &= \mathsf{P}(Y_i = y)\, \mathsf{P}(L_{i+1} = j - d \mid Y_i = y)\, \mathsf{P}(L_{i+1} = L_i - d \mid L_{i+1} = j - d,\ Y_i = y) \\ &\quad \mathsf{P}(A(i+1, j-d, S_{i+1}) \mid L_{i+1} = L_i - d,\ L_{i+1} = j - d,\ Y_i = y)/\mathsf{P}(Y_i = y); \end{aligned} \tag{11}$$

$S_{i+1} \in \mathfrak{R}_{i+1}$, $y \in \{1, 2, \ldots, i\}$, $j \in M$, $d \in D$, $i \in \{1, 2, \ldots, n-1\}$. Die Anzahl L_{i+1} der im Zeitintervall $i+1, i+2, \ldots, n$ auftretenden m besten Objekte ist unabhängig von der relativen Rangfolge der ersten i Objekte und damit unabhängig von der relativen Rangzahl Y_i, so daß gilt

$$\mathsf{P}(L_{i+1} = j - d \mid Y_i = y) = \mathsf{P}(L_{i+1} = j - d) .$$

Damit folgt aus (11) für alle $i \in \{1, 2, \ldots, n-1\}$

$$\begin{aligned} w(i, y, j, d * S_{i+1}) &= \mathsf{P}(L_{i+1} = j - d)\, \mathsf{P}(L_{i+1} = L_i - d \mid L_{i+1} = j - d,\ Y_i = y) \times \\ &\quad \times \mathsf{P}(A(i+1, j-d, S_{i+1}) \mid L_{i+1} = L_i - d,\ L_{i+1} = j - d,\ Y_i = y) . \end{aligned} \tag{12}$$

Weiter gilt, wie in [5] gezeigt wird,

$$\begin{aligned} &\mathsf{P}(A(i+1, j-d, S_{i+1}) \mid L_{i+1} = L_i - d,\ L_{i+1} = j - d,\ Y_i = y) = \\ &\mathsf{P}(B(i+1, j-d, S_{i+1}))/\mathsf{P}(L_{i+1} = j - d) \end{aligned} \tag{13}$$

sowie

$$\mathsf{P}(L_{i+1} = L_i - d \mid L_{i+1} = j - d,\ Y_i = y) = \begin{cases} d & \text{für} \quad y = 1, 2, \ldots, m - j + d \\ 1 - d & \text{für} \quad y = m - j + d + 1, \ldots, i . \end{cases} \tag{14}$$

Zweckmäßigerweise definieren wir für $(i, y, j, d) \in N \times V \times M \times D$, $y \leqq i$, die Funktion

$$c(i, y, j, d) := \begin{cases} d & \text{für} \quad y = 1, 2, \ldots, m - j + d \\ 1 - d & \text{für} \quad y = m - j + d + 1, \ldots, i . \end{cases} \tag{15}$$

Aus (12) erhalten wir nun unter Benutzung von (13), (14) und (15) für alle $i \in \{1, 2, \dots, n-1\}$ die Gleichung

$$w(i, y, j, d * S_{i+1}) = c(i, y, j, d)\, \mathsf{P}\big(B(i+1, j-d, S_{i+1})\big)\,. \tag{16}$$

Wir legen den Stopertrag $\overline{w}(k, 0, S_k) = v(k)$ entsprechend der Problemstellung für alle $k \in N$ als Wahrscheinlichkeit fest, daß sich keines der m besten Objekte unter den letzten $n - k + 1$ Objekten befindet, mit

$$v(k) := \mathsf{P}(L_k = 0) = \frac{\binom{m}{0}\binom{n-m}{n-k+1}}{\binom{n}{n-k+1}} = \frac{(k-1)\dots(k-m)}{n\dots(n-m+1)}. \tag{17}$$

Für den *Terminalertrag* $\overline{w}(n+1, h, S_{n+1}) = u(h)$ vereinbaren wir in Übereinstimmung mit dem vorliegenden Problem

$$u(h) := \begin{cases} 1 & \text{für} \quad h = 0 \\ 0 & \text{für} \quad h \in M, \end{cases} \tag{18}$$

so daß wegen (16), (10) und (17) sowie (15) und (18) für alle $S_{i+1} \in \mathfrak{R}_{i+1}$, $(i, y, j, d) \in N \times V \times M \times D$, $y \leqq i$ die Beziehung

$$w(i, y, j, d * S_{i+1}) = c(i, y, j, d)\, \overline{w}(i+1, j-d, S_{i+1}) =: f\big(i, y, j, d, \overline{w}(i+1, j-d, S_{i+1})\big) \tag{19}$$

gilt (s. [5]).

Damit ist die Voraussetzung V1 des Rangauswahlmodells nachgewiesen. Unter Beachtung von (19) und (15) ergibt sich der Nachweis von V2 unmittelbar.

Ausgehend von der allgemeinen Lösung für sequentielle Rangauswahlprobleme (s. (4), (5) u. (6)) und den Beziehungen (19) und (15) berechnet sich nun die *Wertfunktion* für alle $(i, j) \in N \times M$ rekursiv über die BELLMAN-Gleichung

$$\begin{aligned} w^*(i, j) = \{&(m-j)\, w^*(i+1, j-1) + \max\big(w^*(i+1, j-1), w^*(i+1, j)\big) + \\ &+ (i - m + j - 1)\, w^*(i+1, j)\}/i \end{aligned} \tag{20}$$

aus dem Stopertrag (s. (17))

$$w^*(k, 0) = \frac{(k-1)\dots(k-m)}{n\dots(n-m+1)}, \tag{21}$$

$k \in N$, und dem Terminalertrag (s. (18))

$$w^*(n+1, h) = \begin{cases} 1 & \text{für} \quad h = 0 \\ 0 & \text{für} \quad h \in M. \end{cases} \tag{22}$$

Weiter ist eine Rangstrategie S_1 nach (7) optimal, wenn sie für alle $(i, y, j) \in N \times V \times M$, $y \leqq i$, der Bedingung

$$S_1(i, y, j) = \begin{cases} 0 & \text{für} \quad y = m-j+2,\ m-j+3, \dots, i \\ 0 & \text{für} \quad y = m-j+1 \quad \text{und} \quad w^*(i+1, j) \geqq w^*(i+1, j-1) \\ 1 & \text{für} \quad y = m-j+1 \quad \text{und} \quad w^*(i+1, j) \leqq w^*(i+1, j-1) \\ 1 & \text{für} \quad y = 1, 2, \dots, m-j \end{cases}$$

genügt.

Für den Zeitpunkt

$$i_j(n) := \min\{i \in N : w^*(i+1, j) < w^*(i+1, j-1)\}\,, \tag{23}$$

$j \in M$, gilt wie in [5] die Aussage

$$\begin{aligned} &w^*(k, j) \geqq w^*(k, j-1) \quad \text{für} \quad k = 1, 2, \dots, i_j(n) \quad \text{und} \\ &w^*(k, j) \leqq w^*(k, j-1) \quad \text{für} \quad k = i_j(n)+1,\ i_j(n)+2, \dots, n+1\,. \end{aligned} \tag{24}$$

Die Rangstrategie S_1^* mit

$$S_1^*(i, y, j) = \begin{cases} 0 & \text{für} \quad y = m-j+2,\ m-j+3, \dots, i \\ 0 & \text{für} \quad y = m-j+1 \quad \text{und} \quad i_j(n) > i \\ 1 & \text{für} \quad y = m-j+1 \quad \text{und} \quad i_j(n) \leqq i \\ 1 & \text{für} \quad y = 1, 2, \dots, m-j \end{cases} \tag{25}$$

$(i, y, j) \in N \times V \times M$, $y \leqq i$, *ist* demnach *optimal und wird durch das* m-Tupel $\big(i_m(n), i_{m-1}(n), \dots, i_1(n)\big)$ *vollständig charakterisiert.*

3. Beispiel

Aus 10 sequentiell zu beobachtenden Objekten sind die beiden besten Objekte mit maximaler Wahrscheinlichkeit ohne Rückgriff auszuwählen.

Es ist also $n = 10$ und $m = 2$, so daß die optimale Rangstrategie S_1^* durch das Tupel $\big(i_2(10), i_1(10)\big)$ in Verbindung mit der Bedingung (25) vollständig bestimmt ist. Für die Wertfunktion errechnet sich gemäß (20), (21) und (22) folgende Tabelle:

i	$w^*(i, 0)$	$w^*(i, 1)$	$w^*(i, 2)$
1	0,000	0,000	0,271
2	0,000	0,126	0,271
3	0,022	0,230	0,271
4	0,067	0,312	0,251
5	0,133	0,371	0,211
6	0,222	0,408	0,162
7	0,333	0,423	0,110
8	0,467	0,406	0,061
9	0,622	0,333	0,022
10	0,800	0,200	0,000

Gemäß (23) lesen wir ab: $(i_2(10), i_1(10)) = (3,7)$.

Nach (25) veranlaßt nun die optimale Rangstrategie S_1^* für $(i, y) \in N \times V, y \leqq i, j = 1, 2$, die Entscheidung

$$D_i(y, j) = \begin{cases} 0 & \text{für} \quad y = 4 - j,\ 5 - j, \dots, i \\ 0 & \text{für} \quad y = 3 - j \quad \text{und} \quad i_j(10) > i \\ 1 & \text{für} \quad y = 3 - j \quad \text{und} \quad i_j(10 \leqq i \\ 1 & \text{für} \quad y = 1, 2, \dots, 2 - j\,. \end{cases}$$

Die optimale Rangstrategie S_1^* fordert also, die ersten beiden Objekte grundsätzlich nur zu beobachten und nicht auszuwählen; $(i_2(10) > i) \Rightarrow (D_i(y, 2) = 0)$. Ab dem dritten Objekt wird ausgewählt, falls das betrachtete Objekt das beste bezüglich sämtlicher bisher beobachteten Objekte ist; $(i_2(10) \leqq i) \Rightarrow (D_i(1, 2) = 1)$. Wurde bereits ein Objekt ausgewählt, so kann das zweite z. B. in den Zeitpunkten 4, 5, ... , 10 ausgewählt werden, falls es das bisher beste ist; $(y = 1) \Rightarrow (D_i(y, 1) = 1)$. Ab dem Zeitpunkt 7 wird das zweite Objekt jedoch auch schon dann ausgewählt, wenn es nur das zweitbeste unter den bisher beobachteten Objekten ist; $(i_1(10) \leqq i) \Rightarrow (D_i(2, 1) = 1)$. Die maximale Wahrscheinlichkeit, aus 10 Objekten die beiden besten auszuwählen, beträgt hierbei $w^*(1, 2) = 0{,}271$.

Ausgehend von der Bedingung (25) ergibt sich nun bei vorgegebenen n und m folgende *allgemeine Struktur der optimalen Rangstrategie* S_1^*:

Am Anfang der Beobachtung werden bis zum Zeitpunkt $i_m(n) - 1$ alle Objekte grundsätzlich abgelehnt. Dadurch verschafft sich der Entscheidende eine notwendige Vergleichsbasis. Er muß allerdings dabei in Kauf nehmen, daß sich unter diesen grundsätzlich abgelehnten Objekten bereits gesuchte Objekte befinden können und in diesem Fall nicht sämtliche der m besten Objekte ausgewählt werden. Erstmalig kann die Auswahl eines gerade beobachteten Objektes in den Zeitpunkten $i \geqq i_m(n)$ erfolgen, und zwar dann, wenn dieses unter den bisher beobachteten Objekten das beste ist. Die Auswahl eines weniger guten Objektes als des bisher besten würde bedeuten, daß ein besseres Objekt bereits übergangen wurde, und man könnte mit Sicherheit nicht mehr sämtliche m besten Objekte auswählen. Allgemein wird bei j noch auszuwählenden Objekten, $j \in M$, ein gerade beobachtetes Objekt sicher dann abgelehnt, wenn seine relative Rangzahl y die Ungleichung $y \geqq m - j + 2$ erfüllt, d. h., wenn das gerade beobachtete Objekt schlechter als eines der $m - j$ bereits ausgewählten Objekte ist. Dagegen wird ein Objekt sicher dann ausgewählt, wenn $y \leqq m - j$ gilt, d. h., wenn unter den bisher beobachteten Objekten ein schlechteres bereits auftrat, das ausgewählt wurde. Im Fall $y = m - j + 1$ kann das beobachtete Objekt sowohl das bisher beste abzulehnende, als auch das bisher schlechteste auszuwählende Objekt sein. Die optimale Rangstrategie S_1^* schreibt in diesem Fall vor, daß ein gerade beobachtetes Objekt in den Zeitpunkten $i < i_j(n)$ abgelehnt und in den Zeitpunkten $i \geqq i_j(n)$ ausgewählt wird. Ist schließlich $j = 0$, so sind bereits m Objekte ausgewählt worden, und alle folgenden werden grundsätzlich abgelehnt.

4. Das Konvergenzverhalten der optimalen Rangstrategie S_1^* bei wachsender Objektanzahl n

Im folgenden untersuchen wir, ob die Parameter der optimalen Rangstrategie S_1^* bei wachsender Objektanzahl n gegen gewisse Grenzwerte konvergieren. Wir normieren zunächst die Zeit, indem wir die Beobachtungszeitpunkte durch die Objektanzahl n dividieren. Die *Wertfunktion* im normierten Zeitpunkt i/n, $i \in N$, bei einer Objektanzahl $n \in \{1, 2, \dots\}$ kennzeichnen wir dann durch

$$w_n^j(i/n) := w^*(i, j)\,, \tag{26}$$

und den *Terminalertrag* durch

$$w_n^j((n + 1)/n) := w^*(n + 1, j)\,; \tag{27}$$

$j \in \overline{M}$. Indem wir diese zunächst nur für diskrete Zeitpunkte definierte Funktion durch lineare Interpolation fortsetzen, erhalten wir eine für das gesamte Zeitintervall $[0, 1]$ definierte (stetige) Funktion $w_n^j(t)$, wobei wir noch $w_n^j(0) := w_n^j(1/n)$ festlegen.

Für die BELLMAN-Gleichung (20) ergibt sich nun mit (26) für alle $(i, j) \in N \times M$, $n \in \{1, 2, \dots\}$ die Form

$$\begin{aligned} w_n^j(i/n) = \{&(m - j)\, w_n^{j-1}((i + 1)/n) + \max\,(w_n^{j-1}((i + 1)/n),\ w_n^j((i + 1)/n)) \\ &+ (i - m + j - 1)\, w_n^j((i + 1)/n)\}/i\,. \end{aligned} \tag{28}$$

Weiter folgt aus (27) und (22)

$$w_n^h((n + 1)/n) = \begin{cases} 1 & \text{für} \quad h = 0 \\ 0 & \text{für} \quad h \in M \end{cases} \tag{29}$$

und mit (26) aus (21) für alle $k \in N$

$$w_n^0(k/n) = \frac{(k-1)\dots(k-m)}{n\dots(n-m+1)}. \tag{30}$$

Aus (28) gewinnen wir für alle $(i, j) \in N \times M$ die Differenzengleichung

$$w_n^j((i+1)/n) - w_n^j(i/n) = $$
$$= \{(w_n^j((i+1)/n) - w_n^{j-1}((i+1)/n))\,(m-j+1) - (w_n^j((i+1)/n) - w_n^{j-1}((i+1)/n))^+\}/i; \tag{31}$$

$(i, j) \in N \times M$, $(a)^+ := \max(a, 0)$. Nun kann man zeigen — bzgl. der Ausführungen im einzelnen sei wieder auf [5] verwiesen —, daß *die Folge* $\{w_n^j(t)\}_{n=1,2,\dots}$ *der linear interpolierten Lösungen der Differenzengleichungen* (31) *für alle* $t \in [0, 1]$ *gegen eine stetige Grenzfunktion* $w^j(t)$ *konvergiert, die für alle* $t \in (0, 1]$ *der zu* (31) *analogen Differentialgleichung*

$$w^j(t)' = \{(w^j(t) - w^{j-1}(t))\,(m-j+1) - (w^j(t) - w^{j-1}(t))^+\}/t \tag{32}$$

mit $w^h(1) = \begin{cases} 1 & \text{für } h = 0 \\ 0 & \text{für } h \in M \end{cases}$ (s. (29)) und $w^0(z) = z^m$, $z \in [0, 1]$, (s. (30)) genügt.

Wir definieren für alle $j \in M$ den Zeitpunkt

$$t_j := \sup\,\{t \in [0, 1) : w^j(t) \geqq w^{j-1}(t)\}. \tag{33}$$

Ausgehend von der Differenzengleichung (32) wird in [5] bewiesen, daß für alle $j \in M$ die Aussagen $t_j > 0$ und

$$\begin{aligned} w^j(t) &> w^{j-1}(t) \quad \text{für} \quad 0 < t < t_j \\ w^j(t) &= w^{j-1}(t) \quad \text{für} \quad t = t_j \\ w^j(t) &< w^{j-1}(t) \quad \text{für} \quad t_j < t < 1 \end{aligned} \tag{34}$$

gelten. Weiter folgt aus (23) für alle $j \in M$ und $n \in \{1, 2, \dots\}$ $i_j(n)/n \in [0, 1]$. Damit besitzt die Folge $\{i_j(n)/n\}_{n=1,2,\dots}$ in dem abgeschlossenen Intervall [0, 1] (mindestens) einen Häufungspunkt. Nach (24) und (26) ergibt sich für die linear interpolierte Wertfunktion in den normierten Zeitpunkten $t \in [0, 1]$ die Aussage

$$w_n^j(t) \geqq w_n^{j-1}(t) \quad \text{für} \quad t \in [0, i_j(n)/n],$$
$$w_n^j(t) \leqq w_n^{j-1}(t) \quad \text{für} \quad t \in [(i_j(n)+1)/n, 1];$$

$j \in M$. Wie wir bereits feststellten, konvergiert die Folge der Wertfunktionen $\{w_n^h(t)\}_{n=1,2,\dots}$, $h \in \overline{M}$, gegen eine stetig differenzierbare Grenzfunktion $w^h(t)$. Damit gilt für jeden Häufungspunkt p der Folge $\{i_j(n)/n\}_{n=1,2,\dots}$, $j \in M$,

$$w^j(t) \geqq w^{j-1}(t) \quad \text{für} \quad t \in [0, p], \qquad w^j(t) \leqq w^{j-1}(t) \quad \text{für} \quad t \in (p, 1].$$

Vergleichen wir diese Aussage mit (34), so kommt als Häufungspunkt der Folge $\{i_j(n)/n\}_{n=1,2,\dots}$ ausschließlich der Zeitpunkt $p = t_j$ in Frage, und es gilt für alle $j \in M$

$$\lim_{n\to\infty} i_j(n)/n = t_j. \tag{35}$$

Die folgende Abbildung enthält die Grenzfunktionen $w^j(t)$, $j \in \overline{M}$, für den Fall $m = 4$:

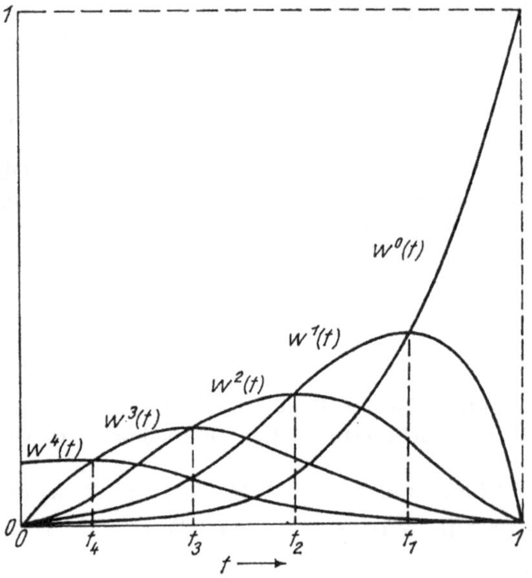

Bild 1

Diese Abbildung spiegelt u. a. die in (34) formulierte Aussage deutlich wider.

$w^m(0)$ ist offensichtlich der Grenzwert der maximalen Wahrscheinlichkeit für die Auswahl der m besten Objekte. Bis zum Fall $m = 5$ ergeben sich folgende Werte für t_j, $j \in M$, und $w^m(0)$:

m	t_5	t_4	t_3	t_2	t_1	$w^m(0)$
1					0,368	0,368
2				0,229	0,606	0,225
3			0,166	0,437	0,716	0,163
4		0,131	0,342	0,559	0,779	0,127
5	0,108	0,281	0,457	0,638	0,819	0,104

Betrachten wir nun den Zusammenhang zwischen dem m-Tupel der Grenzwerte $(t_m, t_{m-1}, \dots, t_1)$ und der optimalen Rangstrategie S_1^*:

Die optimale Rangstrategie S_1^* wird vollständig durch das m-Tupel $(i_m(n), i_{m-1}(n), \dots, i_1(n))$ in Verbindung mit der Bedingung (25) *für jedes $n \in \{1, 2, \dots\}$ charakterisiert. Dann beschreibt das m-Tupel $(i_m(n)/n, i_{m-1}(n)/n, \dots, i_1(n)/n)$ in Verbindung mit der zu* (25) *äquivalenten Bedingung*

$$S_1^*(i, y, j) = \begin{cases} 0 & \text{für } y = m - j + 2,\ m - j + 3, \dots, i \\ 0 & \text{für } y = m - j + 1 \text{ und } i_j(n)/n > i/n \\ 1 & \text{für } y = m - j + 1 \text{ und } i_j(n)/n \leqq i/n \\ 1 & \text{für } y = 1, 2, \dots, m - j \end{cases} \tag{36}$$

$(i, y, j) \in N \times V \times M$, $y \leqq i$, ebenfalls für jedes $n \in \{1, 2, \dots\}$ die optimale Rangstrategie S_1^*. Nach (35) *konvergiert nun bei wachsender Objektanzahl n das m-Tupel $(i_m(n)/n, i_{m-1}(n)/n, \dots, i_1(n)/n)$, der Parameter der optimalen Rangstrategie S_1^*, komponentenweise gegen das m-Tupel $(t_m, t_{m-1}, \dots, t_1)$.*

Für den aus der Literatur (z. B. [1]) bereits bekannten Spezialfall $m = 1$ konvergiert die Folge $\{i_1(n)/n\}_{n=1,2,\dots}$ gegen den Grenzwert $t_1 = e^{-1} \approx 0{,}368$. Bei großer Objektanzahl n verhält sich also der Entscheidende nahezu optimal, wenn er rund ne^{-1} Objekte ohne auszuwählen passieren läßt und dann ein Objekt auswählt, falls dieses bezüglich aller bisher gesichteten Objekte das beste ist. Die Wahrscheinlichkeit, dabei das beste Objekt auszuwählen, beträgt etwa $w^1(0) = e^{-1}$.

In gleicher Weise wird für den Fall $m > 1$ durch das m-Tupel $(t_m, t_{m-1}, \dots, t_1)$ eine für große n näherungsweise optimale Ersatzstrategie bestimmt. Wir ersetzen dazu einfach in der Bedingung (36) den nur mittels längerer Rechnung zu erhaltenden Wert $i_j(n)/n$ durch den Grenzwert t_j.

Vergleichen wir die Grenzwerte t_j, $j \in M$, mit entsprechenden Werten $i_j(n)/n$ im Fall $m = 4$, so erweist sich die suboptimale Ersatzstrategie z. B. ab $n = 100$ für praktische Belange als ausreichend gut:

$$\begin{aligned} i_1(100)/100 &= 0{,}79\,, & t_1 &\approx 0{,}79\,, \\ i_2(100)/100 &= 0{,}57\,, & t_2 &\approx 0{,}56\,, \\ i_3(100)/100 &= 0{,}35\,, & t_3 &\approx 0{,}34\,, \\ i_4(100)/100 &= 0{,}14\,, & t_4 &\approx 0{,}13\,, \\ w_{100}^4(1/100) &\approx 0{,}13\,, & w^4(0) &\approx 0{,}13\,. \end{aligned}$$

Die Ersatzstrategie ist damit für die praktische Anwendung bei großer Objektanzahl n ($n \geqq 100$) von besonderer Bedeutung, da sie ohne jegliche Rechnung sofort aus der obigen Tabelle in Form des m-Tupels $(t_m, t_{m-1}, \dots, t_1)$ ablesbar ist.

Analog zu dem soeben behandelten Problem der Maximierung der Wahrscheinlichkeit für die Auswahl der m besten Objekte lassen sich ausgehend von der in Abschnitt 1. angegebenen allgemeinen Lösung weitere spezielle Rangauswahlprobleme untersuchen.

Literatur

1 Дынкин, Е. Б.; Юшкевич, А. А.: Теоремы и задачи о процессах Маркова, Москва 1967, 91—133.
2 HENKE, M., Optimale Rangstrategien bei sequentiellen Auswahlprozessen, Unternehmensforschung 13, 258—273 (1969).
3 MÜLLER, P. H.; PLATEN, E., Rangstrategien bei sequentiellen Auswahlproblemen, Wiss. Z. d. Techn. Univ. Dresden 23, 1069 bis 1076 (1974).
4 MÜLLER, P. H.; PLATEN, E., Das asymptotische Verhalten optimaler Rangstrategien beim „Problem der besten Wahl", Wiss. Z. Techn. Univ. Dresden 24, 933—937 (1975).
5 PLATEN, E., Sequentielle Rangauswahlprobleme, Dissertation, Techn. Univ. Dresden 1975.
6 Ширяев, А. А., Статистический последовательный анализ, Москва 1969.

Eingereicht am 23. 9. 1976

Anschrift: Dr. ECKHARD PLATEN, ZIMM der AdW, Mohrenstraße 39, DDR 108, Berlin

ZAMM 57, 579 – 589 (1977)

M. Tasche

Randprojektoren und Greensche Operatoren von abstrakten Randwertproblemen und deren Anwendung

Die vorliegende Arbeit befaßt sich mit der Lösung von abstrakten linearen Randwertproblemen und knüpft an einige Ergebnisse von D. Przeworska-Rolewicz und L. Berg an. Wir führen den Gramschen Operator, den Randprojektor und den Greenschen Operator ein und lösen mit Hilfe dieser Operatoren abstrakte Randwertprobleme. Anschließend geben wir sieben Beispiele von speziellen Randwertproblemen für unsere Theorie an.

The present paper deals with the solution of abstract linear boundary value problems and continues results due to D. Przeworska-Rolewicz and L. Berg. We introduce the Gram-operator, the boundary projector and the Green-operator and solve abstract boundary value problems by means of these operators. Accordingly we give seven examples of special boundary value problems for our theory.

В данной статье рассматривается решение абстрактных краевых задач используя некоторые результаты Д. Пжеворска-Рапевича и Л. Берга. Введём оператор Грама, краевый проектор и оператор Грина и решаем абстрактные краевые задачи с помощью этих оператьров. Рассмотрим семь специальных краеных задач в качестве примеров нашей теории.

Bei vielen Anwendungen wird man auf lineare Randwertprobleme für gewöhnliche oder partielle Differentialgleichungen, Differentialgleichungssysteme, Differenzengleichungen, Differenzengleichungssysteme o. ä. (siehe z. B. [1], [3], [4], [5]) geführt. Deshalb ist es naheliegend, diese Probleme als Spezialfälle eines abstrakten Randwertproblems aufzufassen und nach Methoden zur Lösung solcher abstrakten Randwertprobleme zu suchen. Als Ergebnisse in dieser Richtung sei auf die Arbeiten [8], [9] und [2] verwiesen.

In der vorliegenden Arbeit wird zunächst der Begriff eines abstrakten Randwertproblems allgemeiner als in [8]—[9] gefaßt. Wie man anhand von Beispielen erkennt, wird dadurch eine größere Anwendungsbreite dieser Theorie erreicht. Unsere Untersuchungen werden in linearen Räumen durchgeführt. Im ersten Teil der Arbeit wird die Theorie der abstrakten Randwertprobleme entwickelt. Als wesentliche Begriffe werden hier der Gramsche Operator, der Randprojektor und der Greensche Operator eines abstrakten Randwertproblems eingeführt und deren Eigenschaften diskutiert. Im zweiten Teil dieser Note werden sieben Randwertprobleme unterschiedlichen Typs mittels der zuvor entwickelten Theorie untersucht.

1. Abstrakte Randwertprobleme

Es seien $\mathfrak{B}_1$ und $\mathfrak{B}_2$ zwei (komplexe) lineare Räume. Ein Operator sei im folgenden stets ein *linearer* Operator. Ist A ein Operator aus $\mathfrak{B}_1$ in $\mathfrak{B}_2$, so bezeichnen wir mit $\mathfrak{D}(A) \subseteqq \mathfrak{B}_1$ den Definitionsbereich von A und vereinbaren die Schreibweise $A\colon \mathfrak{D}(A) \to \mathfrak{B}_2$. Unter $\mathfrak{R}(A) \subseteqq \mathfrak{B}_2$ verstehen wir den Wertebereich von A und unter $\mathfrak{N}(A) \subseteqq \mathfrak{B}_1$ den Kern von A. Der Einheitsoperator sei stets I und der Nulloperator sei 0. Der Nullvektor sei o.

Ein Operator $D\colon \mathfrak{D} \to \mathfrak{B}_2$ mit dem Definitionsbereich $\mathfrak{D} \subseteqq \mathfrak{B}_1$ und dem Kern $\mathfrak{N} \neq \{o\}$ sei gegeben. Ferner besitze D eine Rechtsinverse $T\colon \mathfrak{D}(T) \to \mathfrak{B}_1$ mit $\mathfrak{D}(T) \subseteqq \mathfrak{B}_2$, d. h. es gilt auf $\mathfrak{D}(T)$

$$DT = I\,. \tag{1}$$

Die zu D rechtsinversen Operatoren sind bekanntlich nicht eindeutig bestimmt. Aus einer speziellen Rechtsinversen T kann man alle anderen auf $\mathfrak{D}(T)$ definierten Rechtsinversen von D erzeugen (vgl. [6], S. 194):

Satz 1. *Es sei $T\colon \mathfrak{D}(T) \to \mathfrak{B}_1$ eine Rechtsinverse von $D\colon \mathfrak{D} \to \mathfrak{B}_2$. Genau dann ist $T_1\colon \mathfrak{D}(T) \to \mathfrak{B}_1$ eine weitere Rechtsinverse von D, wenn T_1 die Darstellung*

$$T_1 = (I + K)\, T \tag{2}$$

mit einem Operator $K\colon \mathfrak{R}(T) \to \mathfrak{N}$ besitzt.

Beweis. Für den Operator $T_1 = (I + K)\, T\colon \mathfrak{D}(T) \to \mathfrak{B}_1$ gilt wegen (1) offenbar

$$DT_1 = DT + DKT = I$$

auf $\mathfrak{D}(T)$. Ist umgekehrt $T_1\colon \mathfrak{D}(T) \to \mathfrak{B}_1$ eine weitere Rechtsinverse von D, so erklären wir einen Operator $K\colon \mathfrak{R}(T) \to \mathfrak{N}$ durch die Gleichung

$$K = T_1 D - I\,. \tag{3}$$

Dann gilt auf $\mathfrak{D}(T)$ wegen (1) und (3)

$$T_1 = T_1(DT) = (T_1 D)\, T = T + KT\,.$$

Wir setzen nun voraus, daß es lineare Räume $\mathfrak{L}_k$ und Operatoren $A_k\colon \mathfrak{L}_k \to \mathfrak{N}$, $(k = 1, 2, \ldots, n)$ gibt, so daß sich der Kern $\mathfrak{N} \subseteqq \mathfrak{B}_1$ als die direkte Summe

$$\mathfrak{N} = \mathfrak{R}(A_1) \dotplus \mathfrak{R}(A_2) \dotplus \ldots \dotplus \mathfrak{R}(A_n) \tag{4}$$

darstellen läßt. Es wird vereinbart, im Fall $\mathfrak{B}_1 = \mathfrak{B}_2$ einfach $\mathfrak{B}$ und im Fall $\mathfrak{L}_1 = \mathfrak{L}_2 = \ldots = \mathfrak{L}_n$ einfach $\mathfrak{L}$ zu schreiben.

Mit n surjektiven Operatoren $R_k\colon \mathfrak{D} \to \mathfrak{L}_k$, $(k = 1, 2, \dots, n)$ wird das *abstrakte Randwertproblem*

$$Dx = f\,, \qquad R_k x = z_k\,, \qquad (k = 1, 2, \dots, n) \tag{5}$$

mit vorgegebenen $f \in \mathfrak{D}(T)$ sowie $z_k \in \mathfrak{L}_k$, $(k = 1, 2, \dots, n)$ und unbekanntem $x \in \mathfrak{D}$ betrachtet. Die Operatoren $R_k\colon \mathfrak{D} \to \mathfrak{L}_k$ nennt man *Randoperatoren*. Offenbar sind die in [8]–[9] untersuchten Randwertprobleme Spezialfälle von (5). Wie man anhand der in Abschnitt 2 behandelten Randwertprobleme sieht, ist die Aufgabe (5) umfassender als die in [8]–[9] betrachteten Probleme.

Bevor wir uns der Lösung von (5) zuwenden, führen wir einen speziellen Operator ein. Mit $\mathfrak{L}_\pi$ bezeichnen wir das kartesische Produkt $\mathfrak{L}_1 \times \mathfrak{L}_2 \times \dots \times \mathfrak{L}_n$ mit den Elementen $z = (z_1, z_2, \dots, z_n)^\mathsf{T}$, wobei $z_k \in \mathfrak{L}_k$, $(k = 1, 2, \dots, n)$ ist und das Symbol „T" die Bildung der Transponierten bedeutet. Offensichtlich ist $\mathfrak{L}_\pi = \mathfrak{L}^n$ im Fall $\mathfrak{L}_k = \mathfrak{L}$ $(k = 1, 2, \dots, n)$.

Definition. Unter dem GRAM*schen Operator* $G = G(A_1, A_2, \dots, A_n)\colon \mathfrak{L}_\pi \to \mathfrak{L}_\pi$ *von* $\{A_1, A_2, \dots, A_n\}$ *bezüglich des Randwertproblems* (5) versteht man die Operatorenmatrix

$$G = (R_j A_k)\,, \qquad (j, k = 1, 2, \dots, n)\,.$$

Satz 2. *Der* GRAM*sche Operator* $G\colon \mathfrak{L}_\pi \to \mathfrak{L}_\pi$ *ist genau dann bijektiv, wenn*

1°. *aus*

$$Dx = o\,, \qquad R_k x = o \qquad (k = 1, 2, \dots, n) \tag{6}$$

stets $x = o$ *folgt und*

2°. *für jedes* $j = 1, 2, \dots, n$ *und alle* $z_j \in \mathfrak{L}_j$ *eine Lösung* $x \in \mathfrak{D}$ *von*

$$Dx = o\,, \qquad R_k x = \delta_{jk} z_j \qquad (k = 1, 2, \dots, n) \tag{7}$$

existiert. Dabei ist δ_{jk} das KRONECKER-Symbol.

Beweis. a) Die Bedingungen 1° und 2° seien erfüllt. Für $z_j \in \mathfrak{L}_j$ $(j = 1, 2, \dots, n)$ sei

$$G(z_1, z_2, \dots, z_n)^\mathsf{T} = o\,. \tag{8}$$

Das Element $x = A_1 z_1 + A_2 z_2 + \dots + A_n z_n$ liegt wegen (4) in $\mathfrak{N}$. Wegen (8) ist $R_j x = o$ $(j = 1, 2, \dots, n)$, so daß $x = o$ nach Bedingung 1° folgt, d. h. $z_j = o$, $(j = 1, 2, \dots, n)$ wegen (4).

Die Bedingungen 1° und 2° sichern die Existenz von Operatoren $B_j\colon \mathfrak{L}_j \to \mathfrak{N}$ $(j = 1, 2, \dots, n)$ mit $B_j z_j = x$, falls (7) gilt. Somit erhält man

$$R_k B_j = \delta_{jk} R_k \qquad (j, k = 1, 2, \dots, n)\,. \tag{9}$$

Laut 1° sind die Operatoren $B_j\colon \mathfrak{L}_j \to \mathfrak{N}$ $(j = 1, 2, \dots, n)$ durch die Eigenschaft (9) eindeutig bestimmt. Folglich hat das Randwertproblem

$$Dx = o\,, \qquad R_k x = z_k \qquad (k = 1, 2, \dots, n)$$

für beliebig vorgegebene Vektoren $z_k \in \mathfrak{L}_k$ die eindeutige Lösung $x = B_1 z_1 + B_2 z_2 + \dots + B_n z_n \in \mathfrak{N}$. Wegen (4) gibt es eindeutig bestimmte Elemente $z_j' \in \mathfrak{L}_j$ $(j = 1, 2, \dots, n)$ mit $x = A_1 z_1' + A_2 z_2' + \dots + A_n z_n'$, so daß man wegen (9)

$$G(z_1', z_2', \dots, z_n')^\mathsf{T} = (z_1, z_2, \dots, z_n)^\mathsf{T}$$

erhält. Somit ist $G\colon \mathfrak{L}_\pi \to \mathfrak{L}_\pi$ bijektiv.

b) Der GRAMsche Operator $G\colon \mathfrak{L}_\pi \to \mathfrak{L}_\pi$ sei bijektiv. Aus (6) folgt $x = A_1 z_1 + A_2 z_2 + \dots + A_n z_n$ mit gewissen $z_j \in \mathfrak{L}_j$ $(j = 1, 2, \dots, n)$ und

$$G(z_1, z_2, \dots, z_n)^\mathsf{T} = o\,,$$

woraus sich $z_j = o$ $(j = 1, 2, \dots, n)$ und damit $x = o$ ergibt.

Für jedes feste $j = 1, 2, \dots, n$ und $z_j \in \mathfrak{L}_j$ existieren Elemente $z_k' \in \mathfrak{L}_k$ $(k = 1, 2, \dots, n)$ mit

$$G(z_1', z_2', \dots, z_n')^\mathsf{T} = (\delta_{j1} z_j, \delta_{j2} z_j, \dots, \delta_{jn} z_j)^\mathsf{T}\,.$$

Folglich ist $x = A_1 z_1' + A_2 z_2' + \dots + A_n z_n'$ eine Lösung von (7).

Als Folgerung aus Satz 2 und dessen Beweis erhält man den nachstehenden Satz, der, falls die Operatoren D oder R_k von einem komplexen Parameter abhängen, eine allgemeine Eigenwertbedingung liefert:

Folgerung 1. *Das homogene Randwertproblem* (6) *besitzt genau dann eine nichttriviale Lösung, wenn der* GRAM*sche Operator* $G\colon \mathfrak{L}_\pi \to \mathfrak{L}_\pi$ *nicht injektiv ist.*

Im Spezialfall $\dim \mathfrak{L}_k = m_k < \infty$ $(k = 1, 2, \dots, n)$ kann man die Operatoren $R_j A_k\colon \mathfrak{L}_k \to \mathfrak{L}_j$ mit gewissen komplexen (m_j, m_k)-Matrizen Φ_{jk} $(j, k = 1, 2, \dots, n)$ identifizieren, so daß man aus Satz 2 bekommt:

Folgerung 2. *Es sei* $\dim \mathfrak{L}_k = m_k < \infty$ $(k = 1, 2, \dots, n)$. *Der* GRAM*sche Operator* $G\colon \mathfrak{L}_\pi \to \mathfrak{L}_\pi$ *ist genau dann bijektiv, wenn für die Determinante der Ordnung* $m_1 + m_2 + \dots + m_n$ *folgendes gilt:*

$$\det(\Phi_{jk}) \neq 0 \qquad (j, k = 1, 2, \dots, n)\,.$$

Es sei nun $\mathfrak{L}$ gleich der Menge C aller komplexen Zahlen und $\dim \mathfrak{N} = n < \infty$. Die Randoperatoren $R_k\colon \mathfrak{D} \to C$ $(k = 1, 2, \dots, n)$ sind dann surjektive Funktionale. Bilden die Vektoren u_k $(k = 1, 2, \dots, n)$ eine Basis von $\mathfrak{N}$, so wählen wir für $A_k\colon C \to \mathfrak{N}$ $(k = 1, 2, \dots, n)$ die Operatoren

$$A_k \lambda = \lambda u_k \tag{10}$$

mit $\lambda \in C$. Der Gramsche Operator von $\{A_1, A_2, \dots, A_n\}$ bezüglich (5) ist die komplexe (n, n)-Matrix

$$G = (R_j u_k) \qquad (j, k = 1, 2, \dots, n) .$$

Wir fassen zusammen:

Folgerung 3 (vgl. [2]). *Es sei* $\mathfrak{L} = C$ *und* $\dim \mathfrak{N} = n < \infty$. *Ferner sei* u_k $(k = 1, 2, \dots, n)$ *eine Basis von* $\mathfrak{N}$. *Der Gramsche Operator von* (10) *bezüglich* (5) *ist genau dann bijektiv, wenn gilt*

$$\det (R_j u_k) \neq 0 \qquad (j, k = 1, 2, \dots, n) .$$

Wir kehren zur Behandlung des allgemeinen Falles zurück. Gibt es neben den Operatoren A_k: $\mathfrak{L}_k \to \mathfrak{N}$ $(k = 1, 2, \dots, n)$ mit (4) noch Operatoren A_k': $\mathfrak{L}_k \to \mathfrak{N}$ $(k = 1, 2, \dots, n)$ mit der Eigenschaft

$$\mathfrak{N} = \mathfrak{R}(A_1') \dotplus \mathfrak{R}(A_2') \dotplus \dots \dotplus \mathfrak{R}(A_n') , \tag{11}$$

so ist $G(A_1, A_2, \dots, A_n)$ nach Satz 2 und dessen Beweis genau dann injektiv, surjektiv bzw. bijektiv, wenn $G(A_1', A_2', \dots, A_n')$ injektiv, surjektiv bzw. bijektiv, ist. Wie ferner der Beweis von Satz 2 zeigt, kann man, falls $G(A_1, A_2, \dots, A_n)$ bijektiv ist, stets solche Operatoren A_k': $\mathfrak{L}_k \to \mathfrak{N}$ $(k = 1, 2, \dots, n)$ mit (11) finden, so daß $G(A_1', A_2', \dots, A_n')$ die Identität ist. Man wähle einfach $A_k' = B_k$ $(k = 1, 2, \dots, n)$.

Im folgenden wird vorausgesetzt, daß der Gramsche Operator $G = G(A_1, A_2, \dots, A_n)$: $\mathfrak{L}_\pi \to \mathfrak{L}_\pi$ von $\{A_1, A_2, \dots, A_n\}$ bezüglich des Randwertproblems (5) bijektiv ist.

Definition. Unter einem *Randprojektor* P: $\mathfrak{D} \to \mathfrak{N}$ *bezüglich des Randwertproblems* (5) verstehen wir einen Projektor, der $\mathfrak{D}$ auf $\mathfrak{N}$ abbildet, mit der Eigenschaft

$$R_k P = R_k \qquad (k = 1, 2, \dots, n) . \tag{12}$$

Der Randprojektor P bezüglich (5) ist eindeutig bestimmt. Denn ist P_1 ein weiterer Randprojektor bezüglich (5), so gelten für $P - P_1$: $\mathfrak{D} \to \mathfrak{N}$ wegen (12) die Gleichungen $R_k(P - P_1) = 0$ $(k = 1, 2, \dots, n)$, woraus $P - P_1 = 0$ nach Bedingung 1° von Satz 2 folgt.

Satz 3. *Der Gramsche Operator* $G = G(A_1, A_2, \dots, A_n)$: $\mathfrak{L}_\pi \to \mathfrak{L}_\pi$ *bezüglich* (5) *sei bijektiv. Dann lautet der Randprojektor* P: $\mathfrak{D} \to \mathfrak{N}$ *bezüglich* (5)

$$Px = \sum_{j=1}^{n} A_j y_j \tag{13}$$

mit $y_j \in \mathfrak{L}_j$ *und*

$$G(y_1, y_2, \dots, y_n)^\mathsf{T} = (R_1 x, R_2 x, \dots, R_n x)^\mathsf{T} . \tag{14}$$

Gilt insbesondere

$$R_j A_k = \begin{cases} 0\colon \mathfrak{L}_k \to \mathfrak{L}_j & \text{für } j \neq k \\ I\colon \mathfrak{L}_j \to \mathfrak{L}_j & \text{für } j = k \end{cases} \qquad (j, k = 1, 2, \dots, n) , \tag{15}$$

so besitzt der Randprojektor P *bezüglich* (5) *die Form*

$$P = \sum_{j=1}^{n} A_j R_j . \tag{16}$$

Beweis. Da G: $\mathfrak{L}_\pi \to \mathfrak{L}_\pi$ nach Voraussetzung bijektiv ist, bildet der durch (13)—(14) erklärte Operator P die Menge $\mathfrak{D}$ in $\mathfrak{N}$ ab. Wegen (14) gilt für $x \in \mathfrak{D}$ und $k = 1, 2, \dots, n$

$$R_k P x = \sum_{j=1}^{n} R_k A_j y_j = R_k x . \tag{17}$$

Nach Voraussetzung (4) läßt sich jedes $x \in \mathfrak{N}$ eindeutig in der Form

$$x = \sum_{j=1}^{n} A_j y_j$$

mit $y_j \in \mathfrak{L}_j$ $(j = 1, 2, \dots, n)$ darstellen. Dann ergibt sich für $k = 1, 2, \dots, n$:

$$R_k x = \sum_{j=1}^{n} A_k A_j y_j ,$$

d. h. es gilt (14). Somit erhält man $Px = x$ für $x \in \mathfrak{N}$. Der Operator P ist idempotent, denn für $x \in \mathfrak{D}$ gilt

$$P^2 x = P(Px) = \sum_{j=1}^{n} A_j y_j'$$

mit $y_j' \in \mathfrak{L}_j$ und

$$G(y_1', y_2', \dots, y_n')^\mathsf{T} = (R_1 P x, R_2 P x, \dots, R_n P x)^\mathsf{T} ,$$

woraus mit Hilfe von (17) die Behauptung $P^2 x = Px$ für $x \in \mathfrak{D}$ folgt. Daher ist P: $\mathfrak{D} \to \mathfrak{N}$ der Randprojektor bezüglich (5). Im Spezialfall (15) bekommt man (16) unmittelbar aus (13)—(14).

Ist $P: \mathfrak{D} \to \mathfrak{N}$ der Randprojektor bezüglich (5) und $T: \mathfrak{D}(T) \to \mathfrak{B}_1$ eine Rechtsinverse von $D: \mathfrak{D} \to \mathfrak{B}_2$, so ist der Operator $V: \mathfrak{D}(T) \to \mathfrak{B}_1$ mit

$$V = T - PT \tag{18}$$

eine von der Wahl von T unabhängige Rechtsinverse von D mit der Eigenschaft ([7])

$$Px = (I - VD)\,x \tag{19}$$

für $x \in \mathfrak{D}_1$, wobei $\mathfrak{D}_1$ die lineare Menge aller $x \in \mathfrak{D}$ mit $Dx \in \mathfrak{D}(T)$ ist.

Definition. Wir nennen den durch (18) erklärten Operator $V: \mathfrak{D}(T) \to \mathfrak{B}_1$ den *GREENschen Operator des Randwertproblems* (5).

Offensichtlich gilt wegen (12) und (18)

$$R_k V = 0 \qquad (k = 1, 2, \dots, n)\,.$$

Die Bedeutung des GREENschen Operators und des Randprojektors P für die Lösung des Randwertproblems (5) wird durch den folgenden Satz klar:

Satz 4. *Der GRAMsche Operator $G = G(A_1, A_2, \dots, A_n): \mathfrak{L}_n \to \mathfrak{L}_n$ bezüglich* (5) *sei bijektiv. Dann besitzt das Randwertproblem* (5) *die in $\mathfrak{D}$ eindeutig bestimmte Lösung*

$$x = Vf + Px \in \mathfrak{D}_1\,, \tag{20}$$

wobei

$$Px = \sum_{j=1}^{n} A_j y_j$$

mit $y_j \in \mathfrak{L}_j$ und

$$G(y_1, y_2, \dots, y_n)^{\mathsf{T}} = (z_1, z_2, \dots, z_n)^{\mathsf{T}}$$

ist.

Beweis. Das Element $x = Vf + Px$ liegt in $\mathfrak{D}_1$, denn es gilt $Dx = DVf + DPx = f \in \mathfrak{D}(T)$. Wegen (12) und (18) erhält man

$$R_k x = R_k Vf + R_k Px = R_k Tf - R_k PTf + R_k Px = z_k \qquad (k = 1, 2, \dots, n)\,,$$

so daß $x = Vf + Px$ eine Lösung von (5) ist.

Sind $x, x' \in \mathfrak{D}$ zwei Lösungen von (5), so ist $x - x' \in \mathfrak{D}$ eine Lösung des homogenen Randwertproblems (6). Da der GRAMsche Operator G nach Voraussetzung bijektiv ist, ergibt sich $x - x' = o$ nach Satz 1.

Anschließend soll der Satz 4 verallgemeinert werden. Ist anstelle der Voraussetzung (4) nur die Bedingung

$$\mathfrak{N} \supseteqq \mathfrak{R}(A_1) + \mathfrak{R}(A_2) + \dots + \mathfrak{R}(A_n) \tag{21}$$

erfüllt, so kann man, falls der zugehörige GRAMsche Operator surjektiv ist, die Existenz einer (i.a. nicht eindeutigen) Lösung von (5) nachweisen.

Satz 5. *Die Operatoren $A_k: \mathfrak{L}_k \to \mathfrak{N}$, $(k = 1, 2, \dots, n)$ mögen der Bedingung* (21) *genügen und der zu* (5) *gehörige GRAMsche Operator $G = G(A_1, A_2, \dots, A_n): \mathfrak{L}_n \to \mathfrak{L}_n$ sei surjektiv. Dann besitzt das Randwertproblem* (5) *eine Lösung $x \in \mathfrak{D}_1$ der Form*

$$x = Tf + \sum_{j=1}^{n} A_j y_j \tag{22}$$

mit $y_j \in \mathfrak{L}_j$ und

$$G(y_1, y_2, \dots, y_n)^{\mathsf{T}} = (z_1 - R_1 Tf, z_2 - R_2 Tf, \dots, z_n - R_n Tf)^{\mathsf{T}}\,. \tag{23}$$

Beweis. Offenbar ist (22) eine Lösung von $Dx = f$. Ferner gilt wegen (22) und (23) für alle $k = 1, 2, \dots, n$

$$R_k x = R_k Tf + \sum_{j=1}^{n} R_k A_j y_j = R_k Tf + z_k - R_k Tf = z_k\,.$$

Wir weisen noch auf eine Erweiterungsmöglichkeit dieser Theorie hin. Bei vielen Anwendungen ist ein Randwertproblem der Form

$$(D - Q)\,x = f\,, \qquad R_k x = z_k \qquad (k = 1, 2, \dots, n) \tag{24}$$

mit gegebenen $f \in \mathfrak{D}(T)$ und $z_k \in \mathfrak{L}_k$ $(k = 1, 2, \dots, n)$ sowie unbekanntem $x \in \mathfrak{D} \cap \mathfrak{D}(Q)$ zu untersuchen, wobei $Q \neq 0$ mit $\mathfrak{D}(Q) \subseteqq \mathfrak{B}_1$ und $\mathfrak{R}(Q) \subseteqq \mathfrak{D}(T)$ ein (unter Umständen nichtlinearer) Operator ist. Wir setzen voraus, daß die Bedingung (4) erfüllt ist und daß der GRAMsche Operator $G(A_1, A_2, \dots, A_n)$ bezüglich (5) bijektiv ist. Wendet man nun Satz 4 auf (24) an, so erhält man folgenden Äquivalenzsatz:

Satz 6. *Es gelte* (4), *und der GRAMsche Operator $G = G(A_1, A_2, \dots, A_n): \mathfrak{L}_n \to \mathfrak{L}_n$ bezüglich* (5) *sei bijektiv. Ferner sei P der Randprojektor und V der GREENsche Operator bezüglich* (5). *Das Randwertproblem* (24) *besitzt genau dann eine Lösung $x \in \mathfrak{D} \cap \mathfrak{D}(Q)$, wenn die Operatorgleichung*

$$x = VQx + Vf + Px \tag{25}$$

eine Lösung $x \in \mathfrak{D}(Q)$ hat, wobei

$$Px = \sum_{j=1}^{n} A_j y_j$$

mit $y_j \in \mathfrak{L}_j$ *und*

$$G(y_1, y_2, \dots, y_n)^{\mathrm{T}} = (z_1, z_2, \dots, z_n)^{\mathrm{T}}$$

ist.

Beweis. Ist $x \in \mathfrak{D} \cap \mathfrak{D}(Q)$ eine Lösung von (24), so gilt wegen $Dx = Qx + f$ nach Satz 4

$$x = V(Qx + f) + Px = VQx + Vf + Px .$$

Ist umgekehrt $x \in \mathfrak{D}(Q)$ eine Lösung von (25), so gehört wegen

$$Dx = DV(Qx + f) + DPx = Qx + f$$

das Element x zu $\mathfrak{D}_1$, und x ist eine Lösung von $(D - Q)\,x = f$. Ferner erhält man wegen (12) und (18)

$$R_k x = R_k V(Qx + f) + R_k Px = z_k \qquad (k = 1, 2, \dots, n) .$$

2. Anwendungsbeispiele

Konkrete Beispiele für die behandelte Theorie sind lineare Randwertprobleme für Differentialgleichungen, Differentialgleichungssysteme, Differenzengleichungen, Differenzengleichungssysteme u. a.. Ist A ein Gebiet des m-dimensionalen Euklidischen Raumes R^m, so bezeichnen wir im folgenden den Vektorraum aller in A definierten, k-mal stetig differenzierbaren (komplex- bzw, reellwertigen) Funktionen mit $C^k(A)$.

Beispiel 1.

Für $0 < t_0 < \infty$ sei $\mathfrak{B} = C[0, t_0]$ und $\mathfrak{D} = C^n(0, t_0) \cap C^{n-1}[0, t_0]$. Wir betrachten den Differentialoperator $D: \mathfrak{D} \to \mathfrak{B}$, der durch

$$D = \sum_{k=0}^{n} q_k(t) \frac{\mathrm{d}^k}{\mathrm{d}t^k}$$

mit $q_k(t) \in \mathfrak{B}$, $q_n(t) = 1$ gegeben ist. Die homogene Differentialgleichung $Dx(t) = 0$ besitzt bekanntlich n linear unabhängige Lösungen $u_k(t) \in \mathfrak{D}$ $(k = 1, 2, \dots, n)$. Wählt man $\mathfrak{L} = C$, so genügen die Operatoren A_k: $C \to \mathfrak{N}$ $(k = 1, 2, \dots, n)$ mit

$$A_k \lambda = \lambda u_k(t) \qquad (\lambda \in C)$$

der Voraussetzung (4).

Bezeichnet man mit

$$\Delta(t) = \det \left(u_k^{(j-1)}(t)\right) \qquad (j, k = 1, 2, \dots, n)$$

die Wronskische Determinante und mit $\Delta_k(t)$ die Adjunkte des k-tes Elementes der letzten Zeile von $\left(u_k^{(j-1)}(t)\right)$, dann ist der Operator T: $\mathfrak{B} \to \mathfrak{B}$ mit

$$Tx(t) = \sum_{k=1}^{n} \int_0^t [\Delta(\tau)]^{-1}\, u_k(t)\, \Delta_k(\tau)\, x(\tau)\, \mathrm{d}\tau$$

eine Rechtsinverse von D.

Es seien R_k: $\mathfrak{D} \to C$ $(k = 1, 2, \dots, n)$ gegebene linear unabhängige, surjektive Funktionale. Dann kann der zum *Randwertproblem* (5) *für den Differentialoperator* D gehörige Gramsche Operator $G = G(A_1, A_2, \dots A_n)$: $C^n \to C^n$ mit der (n, n)-Matrix $\left(R_j u_k(t)\right)$ identifiziert werden, so daß G genau dann bijektiv ist, wenn

$$\det \left(R_j u_k(t)\right) \neq 0 \tag{26}$$

gilt (vgl. Folgerung 3). Ist die Bedingung (26) erfüllt, so läßt sich der Randprojektor $P : \mathfrak{D} \to \mathfrak{N}$ bezüglich des Randwertproblems (5) mittels Satz 3 berechnen. Es gilt

$$Px(t) = \sum_{j=1}^{n} \eta_j u_j(t)$$

mit $\eta_j \in C$ und

$$(\eta_1, \eta_2, \dots, \eta_n)^{\mathrm{T}} = G^{-1}\left(R_1 x(t), R_2 x(t), \dots, R_n x(t)\right)^{\mathrm{T}} .$$

Weiterhin lautet nach (18) der Greensche Operator des Randwertproblems (5)

$$Vx(t) = (T - PT)\, x(t) = \int_0^{t_0} G(t, \tau)\, x(\tau)\, \mathrm{d}\tau ,$$

wobei $G(t, \tau)$ die Greensche Funktion des Randwertproblems (5) ist. Die Lösung des Randwertproblems (5) ist im Fall (26) eindeutig bestimmt und in Satz 4 angegeben.

Ist

$$\det \left(R_j u_k(t)\right) = 0 ,$$

so besitzt das homogene Randwertproblem (6) nichttriviale Lösungen. Wir geben zwei spezielle Beispiele mit $t_0 = 1$ an:

1. Es sei $D = \mathrm{d}^4/\mathrm{d}t^4$. Die Randoperatoren seien durch

$$R_1 x(t) = x(0) , \qquad R_2 x(t) = x'(0) , \qquad R_3 x(t) = x''(1) , \qquad R_4 x(t) = x'''(1)$$

definiert. Als Operatoren $A_k\colon C \to \mathfrak{N}$ wählt man

$$A_k\lambda = \lambda t^{k-1}/(k-1)! \qquad (k = 1, 2, 3, 4)$$

mit $\lambda \in C$. Der GRAMsche Operator

$$G = G(A_1, A_2, A_3, A_4) = (R_j t^{k-1}/(k-1)!)\colon C^4 \to C^4$$

bezüglich (5) und seine Inverse lauten dann

$$G = \begin{pmatrix} 1 & 0 & 0 & 0 \\ 0 & 1 & 0 & 0 \\ 0 & 0 & 1 & 1 \\ 0 & 0 & 0 & 1 \end{pmatrix}, \qquad G^{-1} = \begin{pmatrix} 1 & 0 & 0 & 0 \\ 0 & 1 & 0 & 0 \\ 0 & 0 & 1 & -1 \\ 0 & 0 & 0 & 1 \end{pmatrix}.$$

Nach Satz 3 lautet der zugehörige Randprojektor $P\colon \mathfrak{D} \to \mathfrak{N}$

$$Px(t) = x(0) + tx'(0) + \tfrac{1}{2} t^2 (x''(1) - x'''(1)) + \tfrac{1}{6} t^3 x'''(1).$$

Da $T\colon \mathfrak{B} \to \mathfrak{B}$ mit

$$Tx(t) = \int_0^t \tfrac{1}{6} (t-\tau)^3 x(\tau)\, d\tau$$

eine Rechtsinverse von D ist, gilt nach (18) für den GREENschen Operator

$$Vx(t) = (T - PT)\, x(t) = \int_0^t \tfrac{1}{6} \tau^2 (3t - \tau)\, x(\tau)\, d\tau + \int_t^1 \tfrac{1}{6} t^2 (3\tau - t)\, x(\tau)\, d\tau.$$

2. Es sei $D = d^2/dt^2$. Die Randoperatoren seien durch

$$R_1x(t) = x(0), \qquad R_2x(t) = \int_0^1 x(\tau)\, d\tau$$

gegeben. Als Operatoren $A_k\colon C \to \mathfrak{N}$ wählt man

$$A_k\lambda = \lambda t^{k-1} \qquad (k = 1, 2)$$

mit $\lambda \in C$. Der GRAMsche Operator $G = G(A_1, A_2) = (R_j t^{k-1})\colon C^2 \to C^2$ bezüglich (5) und dessen Inverse lauten

$$G = \begin{pmatrix} 1 & 0 \\ 1 & 1/2 \end{pmatrix}, \qquad G^{-1} = \begin{pmatrix} 1 & 0 \\ -2 & 2 \end{pmatrix}.$$

Nach Satz 3 lautet der zugehörige Randprojektor $P\colon \mathfrak{D} \to \mathfrak{N}$

$$Px(t) = x(0) + 2t \left(\int_0^1 x(\tau)\, d\tau - x(0) \right).$$

Da $T\colon \mathfrak{B} \to \mathfrak{B}$ mit

$$Tx(t) = \int_0^t (t - \tau)\, x(\tau)\, d\tau$$

eine Rechtsinverse von D ist, gilt nach (18) für den GREENschen Operator

$$Vx(t) = (T - PT)\, x(t) = \int_0^t (2\tau t - \tau - \tau^2 t)\, x(\tau)\, d\tau - \int_t^1 (\tau - 1)^2\, t x(\tau)\, d\tau.$$

Beispiel 2.

Es sei $0 < t_0 < \infty$. Wie in [5] sei $m(t)$ eine auf $[0, t_0]$ definierte nichtabnehmende beschränkte Funktion mit

$$\lim_{t \to +0} m(t) = m(0) < m(t) < m(t_0) = \lim_{t \to t_0 - 0} m(t)$$

für $0 < t < t_0$. Es sei $\mathfrak{B}$ der Vektorraum aller auf $[0, t_0]$ stetigen komplexwertigen Funktionen, die auf jeder Komponente des Komplementes der (abgeschlossenen) Menge aller Wachstumspunkte von $m(t)$ linear sind. Mit $\mathfrak{D}$ bezeichnen wir die Menge aller Funktionen der Form

$$y(t) = \alpha + \beta t + \int_0^t \int_0^\tau x(\sigma)\, dm(\sigma)\, d\tau \tag{27}$$

mit beliebigem $x(t) \in \mathfrak{B}$ und komplexen Konstanten α, β. Für $y(t) \in \mathfrak{D}$ der Form (27) erklären wir die Operatoren

$$D_t y(t) = y'(t) = \beta + \int_0^t x(\sigma)\, dm(\sigma),$$

$$D_1 y(t) = D_{m(t)} D_t y(t) = x(t).$$

Offenbar ist $D_1\colon \mathfrak{D} \to \mathfrak{B}$ ein Operator mit einer Rechtsinversen $T_1\colon \mathfrak{B} \to \mathfrak{B}$ der Form

$$T_1 x(t) = \int_0^t \int_0^\tau x(\sigma)\, dm(\sigma)\, d\tau.$$

Ist $\mathfrak{L} = C$ die Menge aller komplexen Zahlen, so führen wir die Randoperatoren $R_k\colon \mathfrak{D} \to C$, $(k = 1, 2)$ ein:

$$R_1x(t) = \varkappa_1 x(0) + \int_0^{t_0} \frac{x(0) - x(\tau)}{\tau}\, dq_1(\tau) - \pi_1 x'(0) + \sigma_1 D_1 x(0),$$

$$R_2x(t) = \varkappa_2 x(t_0) + \int_0^{t_0} \frac{x(t_0) - x(\tau)}{t_0 - \tau}\, dq_2(\tau) + \pi_2 x'(t_0) + \sigma_2 D_1 x(t_0),$$

wobei $\varkappa_k, \pi_k, \sigma_k$ nichtnegative Zahlen und $q_k(t)$ $(k = 1, 2)$ auf $[0, t_0]$ nichtfallende beschränkte, bei $x = 0$ und $x = t_0$ stetige Funktionen sind. Dabei sei

$$\varkappa_k + \int_0^{t_0} dq_k(\tau) + \pi_k + \sigma_k > 0 , \qquad (k = 1, 2)$$

vorausgesetzt.

In [5] wird u. a. die *Randwertaufgabe für den verallgemeinerten Differentialoperator* $D = D_1 - \mu I: \mathfrak{D} \to \mathfrak{B}$ mit komplexem Parameter μ

$$Dx(t) = f(t) , \quad R_1x(t) = R_2x(t) = 0 \tag{28}$$

gelöst.

Sind $u_1(t, \mu)$ und $u_2(t, \mu)$ Lösungen der homogenen Gleichung $Du_k(t, \mu) = 0$ $(k = 1, 2)$ mit $u_1(0, \mu) = 1$, $u_1'(0, \mu) = 0$, $u_2(0, \mu) = 0$, $u_2'(0, \mu) = 1$, so hat die zugehörige WRONSKIsche Determinante für alle $t \in [0, t_0]$ den Wert

$$u_1(t, \mu)\, u_2'(t, \mu) - u_2(t, \mu)\, u_1'(t, \mu) = 1 .$$

Die Operatoren $A_k: C \to \mathfrak{N}$, $(k = 1, 2)$ mit

$$A_k\lambda = \lambda u_k(t, \mu) \qquad (k = 1, 2)$$

für $\lambda \in C$ genügen der Bedingung (4).

Für alle $\mu \in C$ ist der Operator $T: \mathfrak{B} \to \mathfrak{B}$ mit

$$Tx(t) = \int_0^t [u_1(\tau, \mu)\, u_2(t, \mu) - u_1(t, \mu)\, u_2(\tau, \mu)]\, x(\tau)\, dm(\tau)$$

eine Rechtsinverse von D.

Da wir den zugehörigen GRAMschen Operator $G = G(A_1, A_2): C^2 \to C^2$ mit der Matrix

$$G = \big(R_j u_k(t, \mu)\big) \qquad (j, k = 1, 2)$$

identifizieren können, sind die Eigenwerte μ der Randwertaufgabe (6) nach Folgerung 1 die Nullstellen der Funktion

$$\Delta(\mu) = \det \big(R_j u_k(t, \mu)\big) \qquad (j, k = 1, 2) .$$

Ist μ kein Eigenwert von (6), d. h. $\Delta(\mu) \neq 0$, so führen wir die Funktionen

$$v_1(t, \mu) = \frac{1}{\Delta(\mu)} [u_1(t, \mu)\, R_2u_2(t, \mu) - u_2(t, \mu)\, R_2u_1(t, \mu)] ,$$

$$v_2(t, \mu) = \frac{1}{\Delta(\mu)} [- u_1(t, \mu)\, R_1u_2(t, \mu) + u_2(t, \mu)\, R_1u_1(t, \mu)]$$

aus $\mathfrak{N}$ ein, für die

$$R_j v_k(t, \mu) = \delta_{jk} \qquad (j, k = 1, 2)$$

gilt. Nach Satz 3 lautet der zu (28) gehörige Randprojektor $P: \mathfrak{D} \to \mathfrak{N}$

$$Px(t) = v_1(t, \mu)\, R_1x(t) + v_2(t, \mu)\, R_2x(t)$$

und nach (18) der entsprechende GREENsche Operator $V: \mathfrak{B} \to \mathfrak{B}$

$$Vx(t) = (T - PT)\, x(t) .$$

Einen expliziten Ausdruck für V findet man in [5]. Im Fall $\Delta(\mu) \neq 0$ besitzt somit das Randwertproblem (28) nach Satz 4 die eindeutige Lösung $x(t) = Vf(t)$.

Beispiel 3.

Es seien $k > 1$ und $m > 1$ gegebene natürliche Zahlen. Mit $\mathfrak{B}_1$ (bzw. $\mathfrak{B}_2$) bezeichnen wir die Vektorräume aller $(m + 1)$-Tupel $x = (x_0, x_1, \dots, x_m)$ (bzw. aller m-Tupel $y = (y_0, y_1, \dots, y_{m-1})$) von komplexen $(k, 1)$-Vektoren. Dann sei $D_1: \mathfrak{B}_1 \to \mathfrak{B}_2$ der Operator

$$D_1x = (x_1, x_2, \dots, x_m)$$

mit dem Kern $\mathfrak{N}(D_1) = \{x;\, x = (x_0, o, \dots, o) \in \mathfrak{B}_1\}$. Eine Rechtsinverse von D_1 ist $T_1: \mathfrak{B}_2 \to \mathfrak{B}_1$ mit

$$T_1y = (o, y_0, y_1, \dots, y_{m-1}) .$$

Es sei J eine reguläre schief-HERMITEsche (k, k)-Matrix und A_n, B_n $(n = 0, 1, \dots, m - 1)$ seien komplexe (k, k)-Matrizen mit

$$B_n^*JB_n = J , \quad A_n^*JB_n + B_n^*JA_n = 0 , \quad A_n^*JA_n = 0 , \tag{29}$$

wobei A^* die konjugiert komplexe, transponierte Matrix von A bedeutet. Ferner seien M und N komplexe (k, k)-Matrizen, für die $M - N$ regulär ist und

$$M^*JM = N^*JN \tag{30}$$

gilt. Wie in [1], S. 83ff. betrachten wir das *Eigenwertproblem für das rekursive Gleichungssystem*

$$x_{n+1} = (\mu A_n + B_n)\, x_n \qquad (n = 0, 1, \dots, m - 1) \tag{31}$$

unter den Randbedingungen

$$x_0 = Mv\,, \qquad x_m = Nv \tag{32}$$

mit einem festen $(k, 1)$-Vektor $v \neq o$ und einem komplexen Parameter μ. Aufgrund der Voraussetzungen (29)—(30) gilt

$$x_{n+1}^* J x_{n+1} = x_n^* J x_n \qquad (n = 0, 1, \dots, m-1)\,.$$

Führen wir die Operatoren $Q\colon \mathfrak{B}_1 \to \mathfrak{B}_2$ und $R\colon \mathfrak{B}_1 \to C^k$ durch

$$Qx = \big((\mu A_0 + B_0)\, x_0, (\mu A_1 + B_1)\, x_1, \dots, (\mu A_{m-1} + B_{m-1})\, x_{m-1}\big)$$

bzw.

$$Rx = M(M - N)^{-1}\,(x_0 - x_m) - x_0$$

ein und ist $D = D_1 - Q$, so hat das Eigenwertproblem (31)—(32) die Form (5), nämlich

$$Dx = o\,, \qquad Rx = o\,. \tag{33}$$

Mittels der (k, k)-Matrizen

$$C_0(\mu) = I\,, \qquad C_n(\mu) = (\mu A_{n-1} + B_{n-1}) \dots (\mu A_0 + B_0) \qquad (n = 1, 2, \dots, m)$$

erklärt man den Operator $A\colon C^k \to \mathfrak{N}(D)$ durch

$$Az = \big(C_0(\mu)\, z, C_1(\mu)\, z, \dots, C_m(\mu)\, z\big)$$

für $z \in C^k$. Offenbar ist $\mathfrak{R}(A) = \mathfrak{N}(D)$. Der GRAMsche Operator $G = G(A)\colon C^k \to C^k$ bezüglich (33) ist die (k, k)-Matrix

$$G = M(M - N)^{-1}\,\big(I - C_m(\mu)\big) - I\,,$$

die genau dann regulär ist, wenn

$$\det\big(N - C_m(\mu)\, M\big) \neq 0$$

ist. Nach Folgerung 1 besitzt (31)—(32) genau dann einen Eigenwert μ, wenn

$$\det\big(N - C_m(\mu)\, M\big) = 0$$

gilt.

Beispiel 4.

Es seien $R = (-\infty, \infty)$, $R_+ = (0, \infty)$ und $\overline{R}_+ = [0, \infty)$. Ferner sei $\mathfrak{B}$ der reelle Vektorraum $C(R \times R_+)$ und $\mathfrak{D} = C^2(R \times R_+) \cap C^1(R \times \overline{R}_+)$. Für $a > 0$ betrachten wir den Operator $D\colon \mathfrak{D} \to \mathfrak{B}$ mit

$$(Du)\,(x, t) = \left(\frac{\partial^2}{\partial t^2} - a^2 \frac{\partial^2}{\partial x^2}\right) u(x, t)$$

für $(x, t) \in R \times R_+$. Ist $\mathfrak{L}_1$ bzw. $\mathfrak{L}_2$ der reelle Vektorraum $C^2(R)$ bzw. $C^1(R)$, so führen wir die Randoperatoren $R_k\colon \mathfrak{D} \to \mathfrak{L}_k$, $(k = 1, 2)$ mit

$$(R_1 u)\,(x) = u(x, 0)\,, \qquad (R_2 u)\,(x) = \frac{\partial u(x, 0)}{\partial t}$$

ein. Ist $\mathfrak{D}(T) = C^1(R \times \overline{R}_+)$, so ist $T\colon \mathfrak{D}(T) \to \mathfrak{B}$ mit

$$(Tu)\,(x, t) = \frac{1}{2a} \int_0^t \int_{x - a(t-\tau)}^{x + a(t-\tau)} u(\xi, \tau)\, d\xi\, d\tau$$

eine Rechtsinverse von D.

Das abstrakte Randwertproblem

$$(Du)\,(x, t) = f(x, t)\,, \qquad (R_k u)\,(x) = z_k(x) \qquad (k = 1, 2) \tag{34}$$

mit vorgegebenen $f(x, t) \in \mathfrak{D}(T)$ und $z_k(x) \in \mathfrak{L}_k$, $(k = 1, 2)$ ist das CAUCHY-*Problem für die eindimensionale Wellengleichung.*

Die Operatoren $A_k\colon \mathfrak{L}_k \to \mathfrak{N}$, $(k = 1, 2)$ mit

$$(A_1 y_1)\,(x, t) = y_1(x - at)\,, \qquad (A_2 y_2)\,(x, t) = \int_0^{x + at} y_2(\tau)\, d\tau$$

für $y_k(x) \in \mathfrak{L}_k$ $(k = 1, 2)$ genügen der Voraussetzung (4). Offenbar ist der GRAMsche Operator $G = G(A_1, A_2)\colon \mathfrak{L}_1 \times \mathfrak{L}_2 \to \mathfrak{L}_1 \times \mathfrak{L}_2$ bijektiv, denn es gilt für $y_k(x) \in \mathfrak{L}_k$ $(k = 1, 2)$

$$G \begin{pmatrix} y_1(x) \\ y_2(x) \end{pmatrix} = \begin{pmatrix} y_1(x) + \int_0^x y_2(\tau)\, d\tau \\ -a y_1'(x) + a y_2(x) \end{pmatrix},$$

$$G^{-1} \begin{pmatrix} y_1(x) \\ y_2(x) \end{pmatrix} = \begin{pmatrix} \frac{1}{2} y_1(x) - \frac{1}{2a} \int_0^x y_2(\tau)\, d\tau + \frac{1}{2} y_1(0) \\ \frac{1}{2} y_1'(x) + \frac{1}{2a} y_2(x) \end{pmatrix}.$$

Nach Satz 3 lautet der Randprojektor $P\colon \mathfrak{D} \to \mathfrak{N}$ bezüglich (34)

$$(Pu)(x,t) = (A_1 y_1)(x,t) + (A_2 y_2)(x,t)$$

mit

$$\begin{pmatrix} y_1(x) \\ y_2(x) \end{pmatrix} = G^{-1} \begin{pmatrix} (R_1 u)(x) \\ (R_2 u)(x) \end{pmatrix},$$

d. h. es gilt

$$(Pu)(x,t) = \frac{1}{2}[(R_1 u)(x - at) + (R_1 u)(x + at)] + \frac{1}{2a} \int\limits_{x-at}^{x+at} (R_2 u)(\tau)\, d\tau .$$

Wegen $PT = 0$ besitzt (34) den GREENschen Operator $V = T\colon \mathfrak{D}(T) \to \mathfrak{B}$. Somit hat das Randwertproblem (34) nach Satz 4 die eindeutige Lösung

$$u(x,t) = (Vf)(x,t) + (Pu)(x,t)$$

$$= \frac{1}{2a} \int\limits_0^t \int\limits_{x-a(t-\tau)}^{x+a(t-\tau)} f(\xi,\tau)\, d\xi\, d\tau + \frac{1}{2}[z_1(x - at) + z_1(x + at)] + \frac{1}{2a} \int\limits_{x-at}^{x+at} z_2(\tau)\, d\tau ,$$

die natürlich durch die D'ALEMBERTsche Formel gegeben ist.

Beispiel 5.

Es seien $n \geqq 3$ und $r > 0$. Für $x = (x_1, \ldots, x_n) \in R^n$ sei $|x| = (x_1^2 + \ldots + x_n^2)^{1/2}$. Wir bezeichnen mit

$$K_r = \{x \in R^n;\ |x| < r\}$$

die offene Kugel um o mit dem Radius r, mit $\overline{K}_r$ deren Abschließung und mit $S_r = \overline{K}_r \backslash K_r$ die Kugeloberfläche. Ferner sei $\mathfrak{B}$ der reelle Vektorraum $C(K_r)$ und $\mathfrak{D} = C^2(K_r) \cap C(\overline{K}_r)$. Wir betrachten den LAPLACE-Operator $D = \Delta\colon \mathfrak{D} \to \mathfrak{B}$. Ist $\mathfrak{L}$ der reelle Vektorraum $C(S_r)$, so erklären wir den Randoperator $R\colon \mathfrak{D} \to \mathfrak{L}$ als den Einschränkungsoperator $(Ru)(x) = u(x)$ für $x \in S_r$. Es sei $\mathfrak{D}(T) = C^1(K_r) \cap C(\overline{K}_r)$. Das NEWTONsche Potential $T\colon \mathfrak{D}(T) \to \mathfrak{B}$ mit

$$(Tu)(x) = -\frac{1}{(n-2)\,\sigma_n} \int\limits_{K_r} |x - y|^{2-n}\, u(y)\, dy , \tag{35}$$

wobei

$$\sigma_n = 2\pi^{n/2}/\Gamma(n/2)$$

der Oberflächeninhalt von S_1 ist, ist bekanntlich eine Rechtsinverse von D. Das Randwertproblem

$$(Du)(x) = f(x) , \qquad (Ru)(x) = z(x) \tag{36}$$

mit vorgegebenen $f(x) \in \mathfrak{D}(T)$ und $z(x) \in \mathfrak{L}$ ist das *innere* DIRICHLET-*Problem der* POISSON-*Gleichung für die Kugel* K_r.

Der Operator $A\colon \mathfrak{L} \to \mathfrak{N}$ mit

$$(Az)(x) = \begin{cases} \dfrac{r^2 - |x|^2}{\sigma_n r} \displaystyle\int\limits_{S_r} \frac{z(y)}{|x - y|^n}\, d\sigma_y & \text{für } |x| < r , \\ z(x) & \text{für } |x| = r \end{cases}$$

für $z(x) \in \mathfrak{L}$ genügt der Voraussetzung (4), denn es gilt bekanntlich $\mathfrak{R}(A) = \mathfrak{N}$. Wegen $RA = I\colon \mathfrak{L} \to \mathfrak{L}$ ist der GRAMsche Operator $G = G(A)$ bezüglich (36) die Identität. Nach Satz 3 lautet der zu (36) gehörige Randprojektor $P = AR\colon \mathfrak{D} \to \mathfrak{N}$, d. h.

$$(Pu)(x) = \begin{cases} \dfrac{r^2 - |x|^2}{\sigma_n r} \displaystyle\int\limits_{S_r} \frac{u(w)}{|x - w|^n}\, d\sigma_w & \text{für } |x| < r , \\ u(x) & \text{für } |x| = r . \end{cases} \tag{37}$$

Insbesondere gilt für $u(x) \in \mathfrak{N}$ die POISSONsche Integralformel $(Pu)(x) = u(x)$. Für den zu (36) gehörigen GREENschen Operator $V\colon \mathfrak{D}(T) \to \mathfrak{B}$ erhält man mittels (18), (35) und (37) durch Vertauschen der Integrationsreihenfolge

$$(Vu)(x) = \begin{cases} -\dfrac{1}{(n-2)\,\sigma_n} \displaystyle\int\limits_{K_r} \left[|x - y|^{2-n} - \frac{r^2 - |x|^2}{\sigma_n r} \int\limits_{S_r} |x - w|^{-n}\, |w - y|^{2-n}\, d\sigma_w \right] u(y)\, dy & \text{für } |x| < r , \\ 0 & \text{für } |x| = r \cdot \end{cases}$$

Da für $|y| < r$ und $|w| = r$

$$|w - y|^{2-n} = \begin{cases} r^{n-2}(|y|\, |w - \bar{y}|)^{2-n} & \text{für } y \neq o , \\ r^{2-n} & \text{für } y = o \end{cases}$$

mit $\bar{y} = r^2\, |y|^{-2}\, y$ gilt und die Funktion

$$h(x) = \begin{cases} r^{n-2}\, (|y|\, |x - \bar{y}|)^{2-n} , & \text{falls } y \neq o , \\ r^{2-n} , & \text{falls } y = o , \end{cases}$$

für $|x| \leqq r$ in $\mathfrak{R}$ liegt, ist $h(x) = (Ph)(x)$, so daß der Greensche Operator die Form

$$(Vu)(x) = \int_{K_r} G(x, y)\, u(y)\, dy$$

mit der auf $\bar{K}_r \times K_r$ erklärten Greenschen Funktion $G(x, y)$ des Dirichlet-Problems für die Kugel K_r hat:

$$G(x, y) = \begin{cases} -\dfrac{1}{(n-2)\,\sigma_n}\left[|x-y|^{2-n} - r^{n-2}(|y|\,|x-\bar{y}|)^{2-n}\right], & \text{falls } y \neq o,\ x \neq y, \\ -\dfrac{1}{(n-2)\,\sigma_n}\left[|x|^{2-n} - r^{2-n}\right], & \text{falls } y = o,\ x \neq o. \end{cases}$$

Nach Satz 4 besitzt das Randwertproblem (36) die eindeutige Lösung

$$u(x) = (Vf)(x) + (Pu)(x) = (Vf)(x) + (Az)(x).$$

Beispiel 6.

Es seien $n \geqq 3$, $r > 0$ und $m \geqq 2$. Wie in Beispiel 5 sei $\mathfrak{B}$ der reelle Vektorraum $C(K_r)$. Mit $\mathfrak{D} = C^{2m}(K_r) \cap C^{m-1}(\bar{K}_r)$ betrachten wir den m-polyharmonischen Operator $D = \Delta^m\colon \mathfrak{D} \to \mathfrak{B}$. Für $k = 1, 2, \dots, m$ sei $\mathfrak{L}_k$ der reelle Vektorraum $C^{m-k}(S_r)$. Wir erklären die Randoperatoren $R_k\colon \mathfrak{D} \to \mathfrak{L}_k$, $(k = 1, 2, \dots, m)$ durch die Gleichung

$$(R_k u)(x) = \frac{\partial^{k-1} u(x)}{\partial (r^2)^{k-1}} = \lim_{\substack{y \to x \\ |y| = \varrho < r}} \frac{\partial^{k-1} u(y)}{\partial (\varrho^2)^{k-1}} \quad \text{für} \quad x \in S_r.$$

Das Randwertproblem

$$(Du)(x) = 0, \qquad (R_k u)(x) = z_k(x) \qquad (k = 1, 2, \dots, m) \tag{38}$$

mit gegebenen $z_k(x) \in \mathfrak{L}_k$ ist das *innere Dirichlet-Problem der Polypotentialgleichung für die Kugel* K_r.

Wie in [4] bewiesen wurde, besitzt für jedes $j = 1, 2, \dots, m$ und $h(x) \in \mathfrak{L}_j$ das Randwertproblem

$$(Du)(x) = 0, \qquad (R_k u)(x) = \delta_{jk} h(x) \qquad (k = 1, 2, \dots, m)$$

die eindeutig bestimmte Lösung $u(x) = (A_j h)(x)$, wobei der Operator $A_j\colon \mathfrak{L}_j \to \mathfrak{R}$ durch

$$(A_j h)(x) = \begin{cases} \dfrac{(-1)^{m-1}}{\sigma_n (m-1)!} \dfrac{(r^2 - |x|^2)^m}{r^{n-1}} \dbinom{m-1}{j-1} \displaystyle\int_{S_r} \frac{\partial^{j-1} h(y)}{\partial (r^2)^{j-1}} \left(\frac{\partial^{m-j}}{\partial (r^2)^{m-j}} \frac{r^{n-2}}{|x-y|^n}\right) d\sigma_y & \text{für } |x| < r, \\ \delta_{j1} h(x) & \text{für } |x| = r \end{cases}$$

erklärt ist. Folglich genügen die m Operatoren $A_j\colon \mathfrak{L}_j \to \mathfrak{R}$, $(j = 1, 2, \dots, m)$ der Voraussetzung (4) und die Operatoren $R_j A_k\colon \mathfrak{L}_k \to \mathfrak{L}_j$, $(j, k = 1, 2, \dots, m)$ besitzen die Eigenschaft (15). Nach Satz 3 ist dann der zu (38) gehörige Randprojektor $P\colon \mathfrak{D} \to \mathfrak{R}$ durch (16) gegeben und nach Satz 4 hat (38) die eindeutig bestimmte Lösung

$$u(x) = (Pu)(x) = \sum_{j=1}^{m} A_j (R_j u)(x) = \sum_{j=1}^{m} (A_j z_j)(x).$$

Beispiel 7.

Es seien $n \geqq 3$ und $m \geqq 2$ gegebene natürliche Zahlen. Ferner seien $0 < r_1 < r_2 < \dots < r_m < R$. Mit den in Beispiel 5 eingeführten Bezeichnungen sei

$$G = K_R \setminus (S_{r_1} \cup S_{r_2} \cup \dots \cup S_{r_m}).$$

Es sei $\mathfrak{B}$ der reelle Vektorraum $C(G)$ und $\mathfrak{D}$ der Teilraum $C^{2m}(G) \cap C(K_R)$. Wir betrachten wiederum den m-polyharmonischen Operator $D = \Delta^m\colon \mathfrak{D} \to \mathfrak{B}$. Für $k = 1, 2, \dots, m$ sei $\mathfrak{L}_k$ der reelle Vektorraum $C(S_{r_k})$. Wir erklären die Randoperatoren $R_k\colon \mathfrak{D} \to \mathfrak{L}_k$, $(k = 1, 2, \dots, m)$ als die Einschränkungsoperatoren

$$(R_k u)(x) = u(x) \quad \text{für} \quad x \in S_{r_k}.$$

Dann ist das Randwertproblem

$$(Du)(x) = 0, \qquad (R_k u)(x) = z_k(x) \qquad (k = 1, 2, \dots, m) \tag{39}$$

mit gegebenen $z_k \in \mathfrak{L}_k$ ein *Randwertproblem für die Polypotentialgleichung.*

Wie in [3] bewiesen wurde, besitzt für jedes $j = 1, 2, \dots, m$ und $h(x) \in \mathfrak{L}_j$ das Randwertproblem

$$(Du)(x) = 0, \qquad (R_k u)(x) = \delta_{jk} h(x) \qquad (k = 1, 2, \dots, m)$$

eine Lösung

$$u(x) = (A_j h)(x), \tag{40}$$

wobei der Operator $A_j\colon \mathfrak{L}_j \to \mathfrak{R}$ durch

$$(A_j h)(x) = \begin{cases} \left[\displaystyle\prod_{\substack{k=1 \\ k \neq j}}^{m} (r_k^2 - |x|^2) \Big/ \prod_{\substack{k=1 \\ k \neq j}}^{m} (r_k^2 - r_j^2)\right] \dfrac{r_j^2 - |x|^2}{r_j \sigma_n} \displaystyle\int_{S_{r_j}} \frac{h(y)}{|x-y|^n}\, d\sigma_y \cdot \operatorname{sgn}(r_j - |x|) & \text{für } x \in K_R \setminus S_{r_j}, \\ h(x) & \text{für } x \in S_{r_j} \end{cases}$$

erklärt ist. Die Lösung (40) ist in K_{r_1} sogar eindeutig bestimmt. Die m Operatoren $A_j\colon \mathfrak{L}_j \to \mathfrak{R}$ $(j = 1, 2, \dots, m)$ genügen der Bedingung (21). Nur bei entsprechender Einschränkung der Operatoren A_j auf K_{r_1} ist (4) erfüllt.

Die Operatoren $R_j A_k: \mathfrak{L}_k \to \mathfrak{L}_j$ $(j, k = 1, 2, \ldots, m)$ besitzen die Eigenschaft (15). Nach Satz 5 hat dann das Randwertproblem (39) eine Lösung der Form

$$u(x) = \sum_{j=1}^{m} A_j(R_j u)(x) = \sum_{j=1}^{m} (A_j z_j)(x) .$$

Literatur

1 ATKINSON, F. V., Discrete and Continuous Boundary Problems, Academic Press, New York-London 1964.

2 BERG, L., Randwertprobleme in der Operatorenrechnung, Wiss. Z. Univ. Rostock **23**, M 8, 621—624 (1974).

3 EDENHOFER, J., Integraldarstellung einer m-polyharmonischen Funktion, deren Funktionswerte und erste $m - 1$ Normalableitungen auf einer Hypersphäre gegeben sind, Math. Nachr. **68**, 105—113 (1975).

4 EDENHOFER, J., Eine Integraldarstellung der Lösung der DIRICHLETschen Aufgabe bei der Potentialgleichung im Fall einer Hyperkugel, Math. Nachr. **69**, 149—162 (1975).

5 LANGER, H.; PARTZSCH, L.; SCHÜTZE, D., Über verallgemeinerte gewöhnliche Differentialoperatoren mit nichtlokalen Randbedingungen und die von ihnen erzeugten MARKOV-Prozesse, Publ. RIMS, Kyoto Univ. **7**, 659—702 (1971/72).

6 LIONS, J. L. and MAGENES, E., Non-Homogeneous Boundary Value Problems and Applications. Vol. II, Springer-Verlag, Berlin-Heidelberg-New York 1972.

7 PRZEWORSKA-ROLEWICZ, D., Algebraic theory of right invertible operators, Stud. Math. **48**, 129—144 (1973).

8 PRZEWORSKA-ROLEWICZ, D., Algebraic theory of partial differential equations with variable coefficients, Berichte der Gesellschaft für Mathematik und Datenverarbeitung mbH Bonn **77**, 109—127 (1973).

9 PRZEWORSKA-ROLEWICZ, D., Concerning boundary value problems for equations with right invertible operators, Demonstratio Mathematica **7**: 3, 365—380 (1974).

Eingereicht am 20. 5. 76

Anschrift: Dr. sc. nat. MANFRED TASCHE, Wilhelm-Pieck-Universität Rostock, Sektion Mathematik, Universitätsplatz 1, DDR-25 Rostock

ZAMM 57, 591–596 (1977)

Günther Gose

Zur Konvergenz der Koordinatenrelaxation für $Ax = \lambda Bx$

Es werden Methoden zur Berechnung der kleineren Eigenwerte von $Ax = \lambda Bx$ untersucht. In zwei Sätzen werden hinreichende Bedingungen für die Konvergenz gegen einen Eigenwert und einen Eigenvektor angegeben. Weiter wird begründet, warum fast immer Konvergenz gegen den kleinsten Eigenwert eintritt.

Two convergence theorems for Rayleigh's quotient — reducing methods for calculating the smallest eigenvalue of $Ax = \lambda Bx$ are given. Further there will be given a reason, that whenever convergence to an eigenvalue takes place, it will be the smallest one in nearly all cases.

Рассматриваются методы вычисления для наименьших собственных значений равенства $Ax = \lambda Bx$. С помощью двуми теоремами даются необходимые и достаточные условия для сходимости на собственное значение и на собственный вектор. Дальше обосновается, почему сходимость имеет место почти всегда на наименьшего собственного значения.

1. Einleitung

In letzter Zeit wurden vielfach für das Eigenwertproblem $Ax = \lambda Bx$ mit reell-symmetrischer (n, n)-Matrix A und positiv definiter (n, n)-Matrix B sowie den Eigenwerten $\lambda_1 \leqq \dots \leqq \lambda_n$ zur Berechnung von λ_1 Methoden vorgeschlagen, die auf einer Verkleinerung des Rayleigh-Quotienten $R(x) = x^\mathsf{T}Ax/x^\mathsf{T}Bx$ beruhen ([1], [2], [4], [6] bis [10]; siehe auch den Übersichtsartikel [11]). Sie können als Varianten der in [1] dargestellten Koordinatenrelaxation aufgefaßt werden.

Zu fast allen Verfahren gibt es in der Literatur einige Konvergenzaussagen, die jedoch mit sehr unterschiedlichen Methoden gewonnen werden und Fragen offen lassen. So ist z. B. meines Wissens die Konvergenz der Variante von Schwarz [9] und der von Nisbet [7] bislang unbewiesen. Außerdem ist noch unklar, warum in numerischen Experimenten die theoretisch mögliche Konvergenz gegen einen anderen als den kleinsten Eigenwert kaum eintritt. Ziel dieser Arbeit ist es, eine einheitliche Beschreibung der Verfahren anzugeben und ihr Konvergenzverhalten gemeinsam zu klären.

2. Die allgemeine Koordinatenrelaxation

Die in der Literatur angegebenen Verfahren zur Ermittlung von λ_1 sollen als Spezialfall der sogenannten *allgemeinen Koordinatenrelaxation* gedeutet werden. Darunter wird folgendes verstanden:

2.1. Algorithmus „Allgemeine Koordinatenrelaxation"

Start: *Wähle* $\omega \in (0, 2)$ *und* v_0 *mit* $R(v_0) < \min_i R(e_i)$.

($e_i :=$ i-ter Einheitsvektor des $\mathbb{R}_n$).

$k = 0, 1, 2, \dots$

Wähle $u \leqq R(v_0)$ *und setze*

$$j := k \pmod n + 1 .$$

$$t := -\frac{v_k^\mathsf{T} A_u e_j}{e_j^\mathsf{T} A_u e_j}, \text{ wobei } A_u := A - uB \text{ ist} .$$

$$v_{k+1} := v_k + \omega t\, e_j .$$

Der Nenner in der Definition von t kann nicht verschwinden, da gilt:

$$e_j^\mathsf{T} A_u e_j = a_{jj} - u b_{jj} \geqq b_{jj}\left(\frac{a_{jj}}{b_{jj}} - R(v_0)\right) > 0 .$$

Bemerkungen:

1. Der Übergang von v_k zu v_{k+1} heißt *ein Schritt*. Je n aufeinanderfolgende Schritte in die Richtungen $e_1, \dots, e_n$ heißen *ein Zyklus*.

2. Die Wahl $u := \inf_t R(v_k + te_j)$ und $\omega = 1$ ergibt $R(v_{k+1}) = u$. Dies ist die von Faddejew, Faddejewa in [1] vorgeschlagene Koordinatenrelaxation. $\omega \in (1, 2)$ ergibt Koordinatenüberrelaxation nach Schwarz [9].

3. Zur Bestimmung eines Startvektors v_0 mit $R(v_0) < \min R(e_i)$ kann man folgende Aussage beweisen (s. [3]):

Führt man die Koordinatenrelaxation mit einem beliebigen Startvektor v_0 durch und setzt $v_{k+1} := e_j$, falls $\inf R(v_k + te_j) = R(e_j)$, *in diesem Fall ist t in Algorithmus 2.1. nicht definiert, so gilt nach zwei Zyklen*

$$R(v_{2n}) < \min R(e_i) ,$$

oder ein Einheitsvektor ist Eigenvektor von $Ax = \lambda Bx$ zum Eigenwert $R(v_{2n})$.

4. Die Wahl $u := R(v_k)$ und $\omega = 1$ ergibt den Algorithmus von NESBET [6], $\omega \in (0, 2)$ den von NISBET [7], falls dort alle Komponenten zyklisch korrigiert werden.

5. Wählt man $u := R(v_{k(\text{mod}\, n)})$ konstant für den k-ten Zyklus und $\omega \in (0, 2)$, so gelangt man zum Algorithmus von RUHE [8].

6. Sei $x_k := v_{kn}$, $k = 0, 1, 2, \ldots$. Analog zum SOR-Verfahren für lineare Gleichungssysteme mit positiv definiter Koeffizientenmatrix kann ein Zyklus der allgemeinen Koordinatenrelaxation in der Form

$$x_{k+1} = \mathcal{L}_k x_k \tag{2.2}$$

dargestellt werden, wobei gilt:

$$\mathcal{L}_k := (D_k - \omega L_k)^{-1} ((1 - \omega) D_k + \omega R_k) \tag{2.3}$$

und $A_k = A - \Delta_k B = D_k - L_k - R_k$ die übliche Zerlegung von A_k in Diagonal-, linke und rechte Dreiecksmatrix ist. Δ_k bezeichnet die Diagonalmatrix diag $(u_{kn}, \ldots, u_{(k+1)n-1})$ der in den Schritten $kn, \ldots, (k+1)\,n - 1$ gewählten u-Werte. Die Diagonalelemente von D_k besitzen die Gestalt

$$a_{ii} - ub_{ii},$$

und es gilt die Abschätzung:

$$a_{ii} - ub_{ii} = b_{ii}\left(\frac{a_{ii}}{b_{ii}} - u\right) \geqq b_{ii}\left(\frac{a_{ii}}{b_{ii}} - R(v_0)\right) > 0 .$$

3. Konvergenz gegen einen Eigenwert

3.1. Lemma: *Bezeichnet x_k die Folge der durch Anwendung jeweils eines Zyklus der allgemeinen Koordinatenrelaxation aus x_0 erzeugten Vektoren, d. h.*

$$x_{k+1} = \mathcal{L}_k x_k ,$$

und gilt:

(a) $\lim R(x_k) = \lambda$,

(b) $\lim \Delta_k = \lambda I$ (I = Einheitsmatrix) ,

dann gelten die Aussagen:

1. $\|\mathcal{L} - \mathcal{L}_k\| = O(\|\Delta_k - \lambda I\|)$;

2. *λ ist Eigenwert von $Ax = \lambda Bx$ und* $\lim (A - \lambda B) \dfrac{x_k}{\|x_k\|} = 0$.

Dabei ist $\mathcal{L} := (D - \omega L)^{-1} ((1 - \omega) D + \omega R)$ die analog zu $\mathcal{L}_k$ aus $A_\lambda := A - \lambda B$ mit der Zerlegung $A_\lambda = D - L - R$ gebildete Matrix.

Beweis:

1. $D_k - \omega L_k$ konvergiert wegen (a) gegen $D - \omega L$, also gibt es eine Konstante K mit

$$\|(D_k - \omega L_k)^{-1}\| \leqq K \quad \text{und} \quad \|(D - \omega L)^{-1}\| \leqq K .$$

Aus der Identität $\mathcal{L} = I - \omega(D - \omega L)^{-1} A_\lambda$ folgt:

$$\begin{aligned} 1/\omega\, \|\mathcal{L}_k - \mathcal{L}\| &= \|(D_k - \omega L_k)^{-1} A_k - (D - \omega L)^{-1} A_\lambda\| \\ &\leqq \|(D_k - \omega L_k)^{-1}\|\, \|A_k - A_\lambda\| + \|(D_k - \omega L_k)^{-1} - (D - \omega L)^{-1}\|\, \|A_\lambda\| . \end{aligned} \tag{3.2}$$

Der erste Term rechts von Ungleichung (3.2) ist nicht größer als

$$K\, \|\lambda I - \Delta_k\|\, \|B\| ,$$

der zweite kann wie folgt abgeschätzt werden:

$$D_k - \omega L_k = D - \omega L - (\Delta_k - \lambda I)\,(D_B - \omega L_B) ,$$

wobei D_B bzw. L_B die Diagonalmatrix bzw. die Linksdreiecksmatrix der Diagonalelemente bzw. der Elemente unter der Hauptdiagonalen von B bezeichnet.

Aus der Identität $(M - F)^{-1} - M^{-1} = (M - F)^{-1} FM^{-1}$ folgt also mit $M := D - \omega L$ und

$$F := (\Delta_k - \lambda I)\,(D_B - \omega L_B) ,$$

daß der zweite Summand der rechten Seite von (3.2) nicht größer ist als

$$K^2\, \|\Delta_k - \lambda I\|\, \|D_B - \omega L_B\|\, \|A_\lambda\| .$$

Damit ist (1) bewiesen.

2. Sei $\hat{x}_k$ die normierte Folge

$$\hat{x}_k := \frac{x_k}{\|x_k\|_B} \quad \text{mit} \quad \|y\|_B := (y^\mathsf{T} By)^{1/2} .$$

Die Aussage von (2) ist offenbar äquivalent damit, daß jeder Häufungspunkt $\hat{x}$ von $\hat{x}_k$ Eigenvektor zum Eigenwert λ ist. Um dies nachzuweisen benutzt man die aus der SOR-Theorie ([12], p. 77) bekannte Identität:

$$\frac{2-\omega}{\omega}(\hat{x} - \mathcal{L}\hat{x})^T D(\hat{x} - \mathcal{L}\hat{x}) = \hat{x}^T A_\lambda \hat{x} - (\mathcal{L}\hat{x})^T A_\lambda \mathcal{L}\hat{x}. \tag{3.3}$$

Wenn $\hat{x} = \lim \hat{x}_{k_j}$ gilt, so hat man:

a) $R(\hat{x}) = \lambda$, wegen $\hat{x} = \lim \hat{x}_{k_j}$ und Voraussetzung (a), denn R ist eine stetige Funktion.
b) $R(\mathcal{L}\hat{x}) = \lambda$, da aus

$$\|\mathcal{L}\hat{x} - \mathcal{L}_{k_j}\hat{x}_{k_j}\| \leqq \|\mathcal{L}\|\,\|\hat{x} - \hat{x}_{k_j}\| + \|\mathcal{L} - \mathcal{L}_{k_j}\|\,\|\hat{x}_{k_j}\|$$

folgt $\lim \mathcal{L}_{k_j}\hat{x}_{k_j} = \mathcal{L}\hat{x}$, und somit gilt:

$$R(\mathcal{L}\hat{x}) = \lim R(\mathcal{L}_{k_j}\hat{x}_{k_j}) = \lim R(\hat{x}_{k_j+1}) = \lambda\,.$$

Damit gilt für die rechte Seite von (3.3):

$$\hat{x}^T A_\lambda \hat{x} - (\mathcal{L}\hat{x})^T A_\lambda(\mathcal{L}\hat{x}) = \|\hat{x}\|_B^2 (R(\hat{x}) - \lambda) - \|\mathcal{L}\hat{x}\|_B^2 (R(\mathcal{L}\hat{x}) - \lambda)\,.$$

Da D positiv definit ist, gilt $\hat{x} = \mathcal{L}\hat{x}$ und aus

$$\mathcal{L} = I - \omega(D - \omega L)^{-1} A_\lambda \tag{3.4}$$

folgt $A_\lambda \hat{x} = 0$. q. e. d.

Bemerkungen:

1. *Die Koordinatenrelaxation sowie die Algorithmen von* Ruhe, Nesbet *und* Nisbet *erfüllen die Voraussetzungen von Lemma* 3.1, *da jeweils gilt:*

(a) $R(x_k) \geqq R(x_{k+1}) \geqq \lambda_1$.
(b) *Im k-ten Zyklus erfüllt die in jedem Schritt gewählte Zahl u die Ungleichung*

$$R(x_{k+1}) \leqq u \leqq R(x_k)\,.$$

Beweis: Für die Koordinatenrelaxation sind (a) und (b) trivial. Für den Algorithmus von Nisbet folgen (a) und (b) aus

$$v_{m+1}^T A_u v_{m+1} - v_m^T A_u v_m = -\omega(2-\omega)\frac{(v_m^T A_u e_j)^2}{e_j^T A_u e_j} \leqq 0\,, \tag{3.4}$$

da bei $u = R(v_m)$ der zweite Term links Null ist, also $R(v_{m+1}) \leqq R(v_m) = u$ gilt.

Beim Algorithmus von Ruhe ist (b) trivial wegen $u = R(x_k)$. (a) folgt durch Summation von (3.4) über $m = kn, \ldots, (k+1)n - 1$.

2. Man kann die Idee von Ruhe noch weiter ausbauen und den Wert u jeweils über eine feste Anzahl von Zyklen konstant halten. Auch dann sind die Voraussetzungen von Lemma 3.1 erfüllt.

3. Die Koordinatenüberrelaxation nach Schwarz erfüllt die Voraussetzungen des Lemmas nicht in jedem Fall.

Beispiel: Es sei $B := I$ und A eine positiv definite (2.2)-Matrix, die die in Abb. 1 dargestellte Ellipse $E(x) = x^T Ax = 1$ definiert. Es ist

$$R(x) = \frac{x^T Ax}{x^T x} = \frac{1}{\|x\|^2}$$

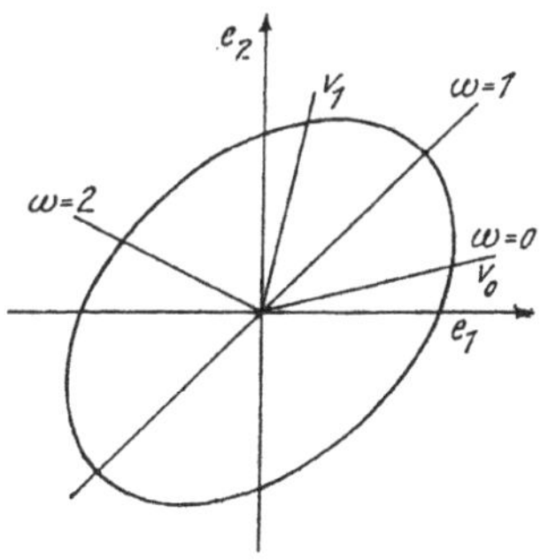

für die Punkte auf E. In jedem Schritt gilt $u = 1/a^2$, wenn a die Länge der großen Halbachse von E ist. Startet man mit dem eingezeichneten Vektor v_0 und in Richtung e_1, so gibt es ein ω, $1 < \omega < 2$ mit $R(v_1) = R(v_0)$. Aus Symmetriegründen gilt dann für jedes k:

$$R(v_k) = R(v_0) > u = \lambda_1\,.$$

Bei numerischen Experimenten tritt jedoch meist die Voraussetzung von Lemma (3.1) ein, und es liegt deshalb Konvergenz gegen einen Eigenwert vor.

Der folgende Satz macht über Lemma (3.1) hinausgehende Aussagen bei unwesentlicher Verschärfung der Voraussetzungen. Es wird gezeigt, daß die in [8] angedeutete Möglichkeit, daß die Häufungspunkte von $\hat{x}_k$ ein Kontinuum bilden, nicht eintritt, sondern sogar die nicht normierte Folge x_k gegen einen Eigenvektor konvergiert.

Die Aussagen des folgenden Satzes sind in [4] für die Koordinatenrelaxation unter der zusätzlichen Annahme bewiesen, daß Konvergenz gegen den kleinsten Eigenwert vorliegt.

3.5. Satz: *Zusätzlich zu den Voraussetzungen von Lemma 3.1. gelte:*

(c) $R(x_k) \geqq \lambda$.

(d) $\|\Delta_k - \lambda I\| = O(R(x_k) - \lambda)$.

Dann konvergiert die Folge x_k gegen einen Grenzwert $x \neq 0$, für den $Ax = \lambda Bx$ gilt. Außerdem gibt es ein γ, $0 \leqq \gamma < 1$, und ein k_0, so daß für $k \geqq k$ gilt:

$$0 \leqq R(x_{k+1}) - \lambda \leqq \gamma(R(x_k) - \lambda).$$

Beweis: Der Beweis von Satz (3.5) beruht wesentlich auf folgendem, im Anhang bewiesenen Lemma:

3.6. Lemma: *Es gibt Zahlen $k_0 \in \mathbb{N}$, $K \neq 0$ und q mit $0 \leqq q < 1$, so daß für jedes $k > k_0$ gilt:*

$$\|x_{k+1} - x_k\|^2 \leqq K^2 x_k^{\mathsf{T}} A_\lambda x_k \leqq K^2 q^2 x_{k-1}^{\mathsf{T}} A_\lambda x_{k-1}.$$

Mit Lemma (3.6) kann der Satz (3.5) so bewiesen werden:

a) Sei $k_0 < i < j$. Es ist

$$\|x_j - x_i\| \leqq \sum_{k=i}^{j-1} \|x_{k+1} - x_k\| \leqq \frac{K}{1-q} (x_i^{\mathsf{T}} A_\lambda x_i)^{1/2} \leqq q^{i-k_0} \frac{K}{1-q} (x_{k_0}^{\mathsf{T}} A_\lambda x_{k_0})^{1/2},$$

also konvergiert x_k gegen einen Grenzwert x.

b) Für $k > k_0 + 1$ gilt:

$$\|x_k - x\| = \lim_j \|x_k - x_j\| \leqq \frac{K}{1-q} (x_k^{\mathsf{T}} A_\lambda x_k)^{1/2}.$$

Aus der Annahme $x = 0$ folgt deshalb:

$$\|\hat{x}_k\| \leqq \frac{K}{1-q} (R(x_k) - \lambda)^{1/2}.$$

Wegen $\lim R(x_k) = \lambda$ folgt der Widerspruch $\lim \hat{x}_k = 0$. Aus Lemma (3.1) folgt, daß x Eigenvektor zum Eigenwert λ ist.

c) Nach Lemma (3.6) gilt für $k > k_0$:

$$R(x_{k+1}) - \lambda = \frac{1}{\|x_{k+1}\|_B^2} x_{k+1}^{\mathsf{T}} A_\lambda x_{k+1} \leqq q^2 \frac{\|x_k\|_B^2}{\|x_{k+1}\|_B^2} (R(x_k) - \lambda).$$

Da die Folge x_k konvergiert, ist $\lim \dfrac{\|x_k\|_B}{\|x_{k+1}\|_B} = 1$.

q.e.d.

4. Konvergenz gegen den kleinsten Eigenwert

Die allgemeine Koordinatenrelaxation konvergiert nicht sicher gegen den kleinsten Eigenwert, solange nicht $R(v_0) < \lambda_2$ ist, wie das Beispiel einer zerfallenden Matrix

$$A = \begin{bmatrix} U & 0 \\ 0 & V \end{bmatrix}; \quad B = I; \; U = U^{\mathsf{T}} \in \mathbb{R}^{(r,r)}$$

zeigt. Besitzt nämlich der Startvektor die Gestalt $v_0 = (v_0^1, \ldots, v_0^r, 0, \ldots, 0)^{\mathsf{T}}$, so tritt höchstens Konvergenz gegen den kleinsten Eigenwert von U ein. Dieses Beispiel widerlegt auch die Behauptung in [1], daß bei Konvergenz gegen einen anderen als den kleinsten Eigenwert die Koordinatenrelaxation nach endlich vielen Schritten stationär wird.

Obwohl die Konvergenz gegen den kleinsten Eigenwert nur bedingt eintritt, ist sie bei numerischen Experimenten mit nicht zerfallenden Matrizen A_k und Startvektoren, die nicht bereits zufällig Eigenvektoren sind, die Regel. Dies kann so verstanden werden: Die Iterationsmatrizen $\mathcal{L}_k$ konvergieren gegen $\mathcal{L}$, so daß die allgemeine Koordinatenrelaxation asymptotisch als Vektoriteration nach v. Mises mit Iterationsmatrix $\mathcal{L}$ aufgefaßt werden kann. Über $\mathcal{L}$ lassen sich nun Aussagen machen, die praktisch immer zur Konvergenz gegen den kleinsten Eigenwert führen.

4.1. Satz: *$\mathcal{L}$ sei der in Lemma 3.1 eingeführte Grenzwert der Iterationsmatrizen $\mathcal{L}_k$ einer allgemeinen Koordinatenrelaxation, und x_k sei die durch diese Relaxation erzeugte Vektorfolge. Dann gilt:*

1) *Jeder Häufungspunkt von $\dfrac{x_k}{\|x_k\|}$ ist Eigenvektor von $\mathcal{L}$ zum Eigenwert Eins.*

2) *Falls $\lambda := \lim R(x_k)$ nicht der kleinste Eigenwert von $Ax = \lambda Bx$ ist, so besitzt $\mathcal{L}$ einen Eigenwert vom Betrag größer als Eins.*

Bemerkung: Die Bedeutung von Satz (4.1) liegt in folgendem: Konvergiert die allgemeine Koordinatenrelaxation nicht gegen den kleinsten Eigenwert, so hat man asymptotisch eine Vektoriteration, die nicht gegen den betragsgrößten Eigenwert von $\mathcal{L}$ konvergiert. Dies ist aber nur möglich, wenn keiner der durch die Vektoriteration erzeugten Vektoren in der Entwicklung nach Hauptvektoren der Iterationsmatrix $\mathcal{L}$ Anteile in Richtung eines Hauptvektors zum betragsgrößten Eigenwert von $\mathcal{L}$ besitzt. In der Praxis tritt dieser Fall nicht ein, da durch Rundungsfehler immer Komponenten eines Hauptvektors zum betragsgrößten Eigenwert eingeschleppt werden.

Beweis von Satz 4.1:

1. Der Nachweis von (1) ist fast trivial, da

$$\mathcal{L} = I - \omega(D - \omega L)^{-1} A_\lambda \quad \text{gilt} \quad (A_\lambda = A - \lambda B),$$

und für jeden Häufungspunkt $\hat{x}$ von $x_k/||x_k||$ nach Lemma 3.1 $A_\lambda \hat{x} = 0$ ist.

2. Angenommen es gäbe ein x mit $R(x) < \lambda$, d. h. $x^T A_\lambda x < 0$. Man betrachtet dann $y_k := \mathcal{L}^k x$. Nach (3.3) gilt

$$y_k^T A_\lambda y_k \leqq x^T A_\lambda x < 0\,, \tag{4.2}$$

denn die Matrix D der Diagonalelemente von A_λ ist laut Definition der allgemeinen Koordinatenrelaxation positiv definit.

Es können also nicht alle Eigenwerte von $\mathcal{L}$ einen Betrag kleiner als Eins haben. Gibt es keinen Eigenwert vom Betrag größer als Eins, so besitzt x die Darstellung

$$x = z + z_1 + \dots + z_r \quad \text{mit} \quad r \leqq n - 1\,,$$

wobei z Hauptvektor zu einem Eigenwert von $\mathcal{L}$ vom Betrag Eins und die z_i Hauptvektoren zu Eigenwerten vom Betrag kleiner als Eins sind. Es soll nun $\mathcal{L}z = z$ gezeigt werden:

a) Ist μ ein Eigenwert des Betrages Eins von $\mathcal{L}$ mit zugehörigem Eigenvektor w, so gilt nach (3.3):

$$0 \leqq \frac{2-\omega}{\omega} |1 - \mu|^2 w^H D w = (1 - |\mu|^2)\, w^H A w = 0\,. \tag{4.3}$$

Also ist $\mu = 1$, da $w^H D w > 0$.

b) Angenommen, es gäbe einen Hauptvektor h zum Eigenwert Eins von $\mathcal{L}$, der nicht Eigenvektor ist, dann gilt o. B. d. A.:

$$a := (\mathcal{L} - I)\, h \neq 0 \quad \text{und} \quad (\mathcal{L} - I)^2 h = (\mathcal{L} - I)\, a = 0\,.$$

Es ist $A_\lambda \mathcal{L} h = A_\lambda h$ wegen $\mathcal{L}a = a$. Damit folgt aus (3.3) der Widerspruch $\mathcal{L}h = h$.

Aus a) und b) folgt zusammen, daß $\mathcal{L}z = z$ gilt. Damit konvergiert aber y_k gegen z, d. h. $y_k^T A_\lambda y_k$ gegen Null, was (4.2) widerspricht. Es kann also kein x mit $x^T A_\lambda x < 0$ geben.

q.e.d.

Anhang (Beweis von Lemma 3.6)

Die beiden Ungleichungen in Lemma 3.6 werden jeweils bewiesen, indem die Ungleichungen zunächst mit $\mathcal{L}x_k$ anstelle von x_{k+1} verifiziert werden. Dann wird das Ergebnis mit Hilfe der Aussage $||\mathcal{L} - \mathcal{L}_k|| = O(||\Delta_k - \lambda I||)$ und den Voraussetzungen $||\Delta_k - \lambda I|| = O(R(x_k) - \lambda)$ und $\lim R(x_k) = \lambda$ übertragen.

a) Linke Ungleichung:

1. *Für alle hinreichend großen k gilt:*

$$||\mathcal{L}x_k - x_k||^2 \leqq K_1^2 x_k^T A_\lambda x_k\,.$$

Beweis: Aus (3.3) folgt zusammen mit $R(x_{k+1}) \geqq \lambda$, daß es eine Konstante K_2 gibt, so daß gilt:

$$1/K_2\, ||\mathcal{L}x_k - x_k||^2 \leqq x_k^T A_\lambda x_k - (\mathcal{L}x_k)^T A_\lambda \mathcal{L}x_k + (\mathcal{L}_k x_k)^T A_\lambda \mathcal{L}_k x_k$$
$$\leqq x_k^T A_\lambda x_k \left[1 + K_3 \frac{||\Delta_k - \lambda I||}{R(x_k) - \lambda} (||A_\lambda \mathcal{L}\hat{x}_k|| + ||A_\lambda \mathcal{L}_k \hat{x}_k||)\right].$$

$A_\lambda \mathcal{L}\hat{x}_k$ konvergiert gegen Null wegen $\mathcal{L} = I - \omega(D - \omega L)^{-1} A_\lambda$ und $\lim A_\lambda \hat{x}_k = 0$. Wegen

$$||A_\lambda \mathcal{L}_k \hat{x}_k|| \leqq ||A_\lambda \mathcal{L}\hat{x}_k|| + ||A_\lambda||\, ||\mathcal{L}_k - \mathcal{L}||\, ||\hat{x}_k||\,,$$

konvergiert auch $A_\lambda \mathcal{L}_k \hat{x}_k$ gegen Null; also gilt Behauptung (1).

2. $$||x_{k+1} - x_k|| \leqq ||\mathcal{L}_k x_k - \mathcal{L}x_k|| + ||\mathcal{L}x_k - x_k|| \leqq K_4\, ||\Delta_k - I||\, ||x_k|| + (K_1 x_k^T A_\lambda x_k)^{1/2}$$
$$\leqq (x_k^T A_\lambda x_k)^{1/2} \left(\frac{||\Delta_k - \lambda I||\, K_5}{(R(x_k) - \lambda)^{1/2}} + K_1^{1/2}\right).$$

Also gilt die linke Ungleichung von Lemma 3.6.

b) Rechte Ungleichung:

1. *Es gibt ein q_1 mit $q_1^2 < 1$, so daß für alle hinreichend großen k gilt:*

$$(\mathcal{L}x_k)^T A_\lambda \mathcal{L}x_k \leqq q_1^2 x_k^T A_\lambda x_k\,.$$

Beweis: Aus (3.3) folgt wegen $x - \mathcal{L}x = \omega(D - \omega L)^{-1} A_\lambda x$:

$$(\mathcal{L}x_k)^T A_\lambda \mathcal{L}x_k = x_k^T A_\lambda x_k - \omega(2 - \omega)\, x_k^T A_\lambda (D - \omega L)^{-T} D (D - \omega L)^{-1} A_\lambda x_k$$
$$\leqq x_k^T A_\lambda x_k - \varepsilon x_k^T A_\lambda^2 x_k$$

mit einem gewissen $\varepsilon > 0$, da $(D - \omega L)^{-\mathsf{T}} D(D - \omega L)^{-1}$ positiv definit ist. Gilt $U^\mathsf{T} U = I$ und $U A_\lambda U^\mathsf{T} = \operatorname{diag}(s_i)$ und ist δ der Betrag des kleinsten von Null verschiedenen Eigenwerts s_i von A_λ, so folgt die Abschätzung:

$$\delta x_k^\mathsf{T} A_\lambda x_k = \delta x_k^\mathsf{T} U^\mathsf{T} \operatorname{diag}(s_i)\, U x_k \leqq x_k^\mathsf{T} U^\mathsf{T} \operatorname{diag}(s_i^2)\, U x_k = x_k^\mathsf{T} A_\lambda^2 x_k .$$

Also gilt:

$$(\mathscr{L} x_k)^\mathsf{T} A_\lambda \mathscr{L} x_k \leqq x_k^\mathsf{T} A_\lambda x_k\, (1 - \varepsilon\delta) .$$

Daraus folgt Behauptung (1), da $x_k^\mathsf{T} A_\lambda x_k \geqq 0$ ist.

2. $$(\mathscr{L}_k x_k)^\mathsf{T} A_\lambda \mathscr{L}_k x_k = (\mathscr{L} x_k)^\mathsf{T} A_\lambda \mathscr{L} x_k + 2(\mathscr{L} x_k)^\mathsf{T} A_\lambda(\mathscr{L}_k - \mathscr{L})\, x_k + (\mathscr{L}_k - \mathscr{L})\, x_k^\mathsf{T} A_\lambda (\mathscr{L}_k - \mathscr{L})\, x_k$$
$$\leqq q_1^2 x_k^\mathsf{T} A_\lambda x_k\, (1 + K_6\, \|A_\lambda \mathscr{L} \hat{x}_k\| + K_7\, \|\Delta_k - \lambda I\|) .$$

Daraus folgt unmittelbar die Gültigkeit der rechten Ungleichung.

Literatur

1 Faddejew, D. K.; Faddejewa, W. N., Numerische Methoden der linearen Algebra, Oldenbourg, München-Wien 1964.
2 Falk, S., Berechnung von Eigenwerten und Eigenvektoren normaler Matrizenpaare durch Ritz-Iteration, ZAMM 53, 73–91 (1973).
3 Gose, G., Relaxationsverfahren zur Minimierung von Funktionalen und Anwendung auf das Eigenwertproblem für symmetrische Matrizenpaare, Dissertation TU Braunschweig 1974.
4 Kahan, W., Relaxation methods for an eigenproblem. Techn. Rep. CS 44, Comp. Sci. Dept. Stanford Univ. 1966.
5 Keller, H. B., On the solution of singular and semidefinit linear systems by iteration, SIAM J. Numer. Math. 2, 281–290 (1965).
6 Nesbet, R. K., Algorithm for diagonalization of large matrices, J. Chem. Physics 43, 311–312 (1965).
7 Nisbet, R. M., Acceleration of the convergence in Nesbet's algorithm for eigenvalues and eigenvectors of large matrices, J. Comput. Physics 10, 614–619 (1972).
8 Ruhe, A., SOR-methods for the eigenvalue problem with large sparse matrices, Math. Comput. 28, 695–710 (1974).
9 Schwarz, H. R., The method of coordinate overrelaxation for $(A - \lambda B)\, x = 0$, Numer. Math. 23, 135–151 (1974).
10 Shavitt, I.; Bender, C. F.; Pipano, A.; Hosteny, R. P., The iterative calculation of several of the lowest or highest eigenvalues and corresponding eigenvectors of very large symmetric matrices, J. Comput. Physics 11, 90–108 (1973).
11 Stewart, G. W., The numerical treatment of large eigenvalue problems, Information Processing 74, Proceedings IFIP-Congress 1974, pp. 666–672.
12 Varga, R. S., Matrix Iterative Analysis, Prentice Hall 1962.

Eingereicht am 5. 12. 1975, revidierte Fassung am 21. 4. 1976

Anschrift: Dr. Günther Gose, Hohewartstr. 63, D 7000 Stuttgart 30, BRD

ZAMM 57, 597 – 602 (1977)

S. R. Arora / Kanti Swarup / M. C. Puri

Cutting Plane Technique for the Set Covering Problem with Linear Fractional Functional

In dieser Arbeit wird ein iteratives Schnittebenen-Verfahren zum Auffinden einer optimalen Überdeckungslösung für das Mengen-Überdeckungsproblem mit gebrochen-linearem Funktional als Zielfunktion entwickelt, das eine gewisse Bedingung erfüllt. Mit dem Verfahren wird aus der optimalen Lösung des vom gegebenen Problem abgeleiteten Quotienten-Optimierungsproblem eine prime Überdeckungslösung bestimmt, die auf Optimalität getestet wird. Ist sie keine optimale Prim-Überdeckungslösung, so wird ein linearer Schnitt eingeführt und das Verfahren fortgesetzt, bis eine optimale Prim-Überdeckungslösung erreicht ist. Ein Beispiel zur Illustration des Verfahrens wurde beigefügt.

This paper develops an iterative cutting plane technique for finding an optimal cover solution of the set covering problem with linear fractional functional as its objective function which satisfies certain condition. The method determines a prime cover solution from the optimal solution of the linear fractional functional programming problem derived from the given problem, which is tested for optimality. If it is not an optimal prime cover solution, a linear cut is introduced and the process is continued till the optimal prime cover solution is reached. An example to illustrate the method is incorporated.

В статье развивается итеративный способ нахождения оптимального покрытного решения типа секущей плоскости для задачи покрытия множеств имеющей в качестве целевой функции дробно-линейный функционал, который удовлетворяет некоторую условию. Из оптимального решения задачи дробно-линейного функционального программирования выведеной от данной задачи способ определяет простое покрытное решение, которое проверяется на оптимальность. Если это оптимального простого покрытного решения нет, введется линейное пересечение и продолжается способ, пока получается оптимальное простое покрытное решение. Выключается иллюстративный пример для работы способа.

Introduction

Consider a set $I = [1, 2, \dots, m]$ and a set $P = [P_1, P_2, \dots, P_n]$, where $P_j \subseteq I$, $j \in J = [1, 2, \dots, n]$. A subset J^* of J is called a *cover* of I if

$$\bigcup_{j \in J^*} P_j = I .$$

The *set covering problem* (CP) *with linear fractional functional* as its objective function is

Problem (I):
Minimize

$$Z = \frac{\sum_{j=1}^{n} c_j x_j}{\sum_{j=1}^{n} d_j x_j + \beta}$$

subject to

$$\sum_{j=1}^{n} a_{ij} x_j \geqq 1 , \qquad i = 1, 2, \dots, m , \tag{1}$$

$$x_j = 0 \text{ or } 1 \qquad j = 1, 2, \dots, n , \tag{2}$$

where

$$x_j = \begin{cases} 1 \text{ if } j \text{ is in the cover} \\ 0 \text{ otherwise} , \end{cases}$$

$$a_{ij} = \begin{cases} 1 \text{ if } i \in P_j \\ 0 \text{ otherwise}; \end{cases}$$

the c_j's are nonnegative numbers, the d_j's may be positive or negative and β is a scalar constant such that $\sum_{j=1}^{n} d_j x_j + \beta$ is strictly positive over the solution set of problem (I).

In [7] Arora and Puri have developed an enumerative technique for solving the above problem. In this daper a cutting plane technique is developed to solve the same problem.

The linear fractional functional programming problem (CP′) which can be obtained, if (2) is replaced by $x_j \geqq 0$ in problem (I) is

Problem (II):
Minimize

$$Z = \frac{\sum_{j=1}^{n} c_j x_j}{\sum_{j=1}^{n} d_j x_j + \beta}$$

subject to

$$\sum_{j=1}^{n} a_{ij}x_j \geqq 1\,, \qquad i = 1, 2, \dots, m\,,$$

$$x_j \geqq 0\,, \qquad j = 1, 2, \dots, n\,.$$

It is assumed that the solution set of (II) is regular and $\sum_{j=1}^{n} d_j x_j + \beta$ is strictly positive over this set.

Theoretical developments

Definitions:

(i) A solution which satisfies (1) and (2) is a *cover solution* and if it yields the minimum of Z, it is an *optimal cover solution.*

(ii) A solution corresponding to $j \in J^*$ is said to be *redundant* if $J^* \setminus \{j\}$ is also a cover and the cover J^* is termed as *redundant cover.*

(iii) A cover J^* is said to be a *prime cover* if none of the column corresponding to $j \in J^*$ is redundant.

Theorem 1: *A column corresponding to the suffix $\hat{j} \in J'$ is not redundant if*

$$I(\hat{j}) = \{i \mid \sum_{j \in J'} a_{ij} = 1,\ i \in P_{\hat{j}}\} \neq \emptyset\,.$$

Proof: In [7], it is proved that a column corresponding to the suffix $\hat{j} \in J'$ is not redundant if there exists at least one $i \in P_{\hat{j}}$ such that

$$\sum_{j \in J'} a_{ij} = 1\,,$$

which implies that

$$I(\hat{j}) = \{i \mid \sum_{j \in J'} a_{ij} = 1,\ i \in P_{\hat{j}}\} \neq \emptyset\,.$$

From this it follows that a column corresponding to $\hat{j} \in J'$ will be a redundant column iff

$$\sum_{j \in J'} a_{ij} \geqq 2 \quad \text{for all} \quad i \in P_{\hat{j}}\,.$$

Theorem II: *Every optimal cover is a prime cover if either*

(i) *all d_j's are negative or*

(ii) *any ratio of the partial sum of the c_j's and d_j's is greater than the value of the objective function at the cover solution and the latter partial sum is positive, too.*

Theorem III: *If $J' = \{j \mid x_j = 1\}$ is any prime cover solution, then $X = \{x_j\}$ is an extreme point solution of problem* (II).

For proofs of theorems II and III see [7].

Theorem IV: *If for the ith row of the matrix B_1 formed by the columns corresponding to members of the prime cover J', $\sum_{j \in J'} a_{ij} \geqq 2$, then that row is a dependent row.*

Proof: The matrix B_1 is of the form $m \times N$ where $N = |J'| < m$. As the rank of B_1 is N, therefore, there exists a unit matrix I_N in B_1. For the ith row for which $\sum_{j \in J'} a_{ij} \geqq 2$, there must exists at least two a_{ij}'s both having a unit value. Therefore, this row can be expressed as a linear combination of the rows in I_N. Hence the ith row in B_1 is a dependent row.

Theorem V: *If $I(\hat{j}) = \{i \mid \sum_{j \in J'} a_{ij} = 1, i \in P_{\hat{j}}\}$ and $|I(\hat{j})| \geqq 2$, then $|I(\hat{j})| - 1$ rows in B_1 are dependent.*

Proof: Let $|I(\hat{j})| = M$, then there exist M rows in B_1 which have unity at the $\hat{j}^{\text{th}}$ place and zeros at all other places, which implies that there are M identical rows. Therefore, any $(M - 1)$ rows out of these are the same as the row left i.e., they are dependent. Hence $|I(\hat{j})| - 1$ rows in B_1 are dependent.

Formation of a basis B corresponding to a prime cover $J' = \{j | x_j = 1\}$

In the matrix B_1 formed by columns corresponding to the members of the prime cover J', $(m - N)$ rows are dependent, depending upon the rows of I_N. For these dependent rows either $\sum_{j \in J'} a_{ij} \geqq 2$ or $|I(\hat{j})| \geqq 2$, $\hat{j} \in J'$. For the ith row which satisfies $\sum_{j \in J'} a_{ij} \geqq 2$, introduce a column S_i (i.e. (-1) at the ith place and zeros at all other places) in the matrix B_1. In the new matrix so formed the ith row will not be dependent.

In the row corresponding to the elements of $I(\hat{j})$, for which $|I(\hat{j})| \geqq 2$, introduce $|I(\hat{j})| - 1$ columns of the form S_i in the matrix B_1. These rows will be independent in the new matrix formed in this way.

As in B_1 only $(m-N)$ rows are dependent and a single column is introduced corresponding to a single dependent row, it follows that only $(m - N)$ columns of the form S_i are to be introduced to form an $m \times m$ basis matrix B.

Determination of a cut

From the matrix B we can form an involutory matrix $\hat{B}$ by suitable row permutation. $\hat{B}$ will be of the form

$$\hat{B} = \begin{bmatrix} I_1 & 0 \\ P & -I_2 \end{bmatrix} = (\hat{B}_1/\hat{B}_2),$$

where $\hat{B}_1$ is associated with the original variables and $\hat{B}_2$ with surplus variables.

Let c_B and d_B be the row matrices of the coefficients of the basic variables in the numerator and denominator respectively, of the objective function

$$c_B\hat{B}^{-1} = (c_{B_1}, 0)\begin{bmatrix} I_1 & 0 \\ P & -I_2 \end{bmatrix} = c_B,$$

where c_{B_1} corresponds to J'.

Let $A = [a_{ij}]$ be the given matrix and a_j, $j = 1, 2, \ldots, n$, be the column vectors associated with X_j, then $A = [a_1, a_2, \ldots, a_n]$. Let

$$A' = [a_1, a_2, \ldots, a_n, a_{n+1}, a_{n+2}, \ldots, a_{n+m}]$$

where a_{n+i}, $i = 1, 2, \ldots, m$, are the column vectors associated with the ith surplus variable added to the ith constraint.

Clearly

$$a_j > 0 \quad \text{for all} \quad j = 1, 2, \ldots, n$$

and

$$a_j < 0 \quad \text{for all} \quad j = n + 1, \ldots, n + m.$$

Let $\hat{A}$ be the matrix derived from A' by the same row permutation which yielded $\hat{B}$ from B. Now

$$Z_j^{(1)} = c_B B^{-1} a_j = c_B \hat{B}^{-1} \hat{a}_j = c_B \hat{a}_j, \qquad j = 1, 2, \ldots, n + m,$$

where $\hat{a}_j$ is the jth column of $\hat{A}$ and

$$c_j - Z_j^{(1)} = c_j - c_B \hat{a}_j, \qquad j = 1, 2, \ldots, n + m.$$

As $c_j = 0$ for $j = n + 1, \ldots, n + m$ and $c_B \geqq 0$, therefore, $c_j - Z_j^{(1)}$ is positive or negative or zero for $j = 1, 2, \ldots, n$ and

$$c_j - Z_j^{(1)} \geqq 0 \quad \text{for} \quad j = n + 1, \ldots, n + m.$$

Now

$$Z_j^{(2)} = d_B B^{-1} a_j = d_B \hat{B}^{-1} \hat{a}_j = d_B \hat{a}_j, \qquad j = 1, 2, \ldots n + m,$$

$$d_j - Z_j^{(2)} = d_j - d_B \hat{a}_j.$$

As $d_j = 0$ for $j = n + 1, \ldots, n + m$, and either d_B is negative or $d_B \hat{a}_j$, $j = 1, 2, \ldots, n$, is positive, therefore, $d_j - Z_j^{(2)}$ is positive, negative or zero for $j = 1, 2, \ldots, n$ and

$$d_j - Z_j^{(2)} \leqq 0 \quad \text{for} \quad j = n + 1, \ldots, n + m.$$

Define Δ_j as below:

$$\Delta_j = Z^{(1)}(c_j - Z_j^{(1)}) - Z^{(1)}(d_j - Z_j^{(2)}) \tag{3}$$

where $Z^{(1)} = c_B X_1$ and $Z^{(2)} = d_B X_1 + \beta$, X_1 being any prime cover solution. Δ_j is positive, negative or zero for $j = 1, 2, \ldots, n$, and $\Delta_j \geqq 0$ for $j = n + 1, \ldots, n + m$.

If all Δ_j's, $j = 1, 2, \ldots, n$, are greater than or equal to zero, then X_1 is an optimal prime cover solution. If some Δ_j's, $j = 1, 2, \ldots, n$, are negative, then there may exist a better prime cover solution, i.e., at least one of the variables corresponding to these negative Δ_j's can be introduced into the basis which may improve the previous prime cover solution X_1, and, as these variables are also constrained to be integers (viz. 0 or 1), at least one of these non-basic variables must be equal to one in the new prime cover solution. Thus

$$\sum_{j \in Q} x_j \geqq 1, \quad \text{where} \quad Q = \{j | \Delta_j < 0, j = 1, 2, \ldots, n\}.$$

Therefore, the cut $\sum_{j \in Q} x_j \geqq 1$ is introduced in problem (I). Clearly Q contains suffixes corresponding to the original variables only. The new problem so formed is still a set covering problem.

Note that the cut $\sum_{j \in Q} x_j \geqq 1$ is almost similar to a DANTZIG-cut. In DANTZIG-cuts the summation is over the complete set of nonbasic variables.

Algorithm

Step I: Find the optimal solution of problem (II) [5, 6]. If it is a prime cover solution, terminate, otherwise go to Step II.

Step II: From the optimal basic feasible solution of problem (II), derive a cover solution by rounding up the positive basic variables to unity. From this cover solution derive a prime cover solution, say X_1, yielding the value of the objective function equal to Z_1, say.

In step II of the algorithm developed in [7] a method is presented to find a best possible prime cover solution from a redundant cover solution. Otherwise, if it is not difficult computationally to find all possible prime cover solutions, then it is preferable to choose the one which yields the least value of the objective function.

If Z_1 is the same as the optimal value of the problem (II), then that prime cover solution is the required solution of problem (I). If this is not so then introduce a linear cut

$$\sum_{j \in Q} x_j \geqq 1, \quad \text{where} \quad Q = \{j \mid \Delta_j < 0\}, \qquad j = 1, 2, \ldots, n.$$

Clearly $Q \neq \emptyset$. Go to step III.

Step III: Find the optimal solution of the linear fractional functional programming problem derived from the new set covering problem obtained in step II.
There are two possibilities: —

(i) *The optimal solution is a prime cover solution*

Let X_2 be the new prime cover solution and Z_2 be the corresponding value of the objective function.
If $Z_1 < Z_2$, then X_1 is an optimal prime cover solution of (I).
If $Z_1 = Z_2$, then X_1 and X_2 are both optimal prime cover solutions of problem (I).
If $Z_1 > Z_2$, then X_2 is an optimal prime cover solution of problem (I).

(ii) *The optimal solution is not a prime cover solution*

Derive a prime cover solution X_2 yielding a value Z_2 less than Z_1 and go to step IV.

If there exists a prime cover solution X_2 yielding a value of the objective function equal to Z_1, then calculate Q for X_2. If $Q = \emptyset$, terminate, otherwise go to step IV.

If there exists no prime cover solution having the value of the objective function strictly less than Z_1, then X_1 is an optimal prime cover solution of problem (I).

Step IV: Introduce a cut as explained in step II and go back to step III.

Convergence: The procedure is convergent because of the following facts:

(i) it involves movements from one extreme point solution to another extreme point solution of problem (II), which are always finite in number and

(ii) as the value of the objective function is increased at each stage, therefore, none of the extreme points is repeated.

Example

Consider the numerical example given in [7] which is

Minimize

$$Z = \frac{6x_1 + 8x_2 + 4x_3 + 3x_4 + 5x_5}{-x_1 - 2x_2 - 3x_3 - 4x_4 - x_5 + 12}$$

subject to

$$\begin{aligned} &x_1 + x_2 + x_4 \geqq 1, \\ &x_1 + x_3 + x_5 \geqq 1, \\ &x_2 + x_5 \geqq 1, \\ &x_1 + x_2 + x_3 \geqq 1, \\ &x_1, x_2, x_3, x_4, x_5 = 0,1. \end{aligned}$$

Solution: As all d_j's are negative, and the denominator is strictly positive case (i) is applicable. The corresponding linear fractional functional programming problem is:

Minimize

$$Z = \frac{6x_1 + 8x_2 + 4x_3 + 3x_4 + 5x_5}{-x_1 - 2x_2 - 3x_3 - 4x_4 - x_5 + 12}$$

subject to

$$\begin{aligned} &x_1 + x_2 + x_4 \geqq 1, \\ &x_1 + x_3 + x_5 \geqq 1, \\ &x_2 + x_5 \geqq 1, \\ &x_1 + x_2 + x_3 \geqq 1, \\ &x_j \geqq 0, \quad j = 1, 2, 3, 4, 5. \end{aligned}$$

Solve this problem. The optimal solution is $X_1 = [\frac{1}{2}, \frac{1}{2}, 0, 0, \frac{1}{2}]$ and the corresponding table is:

			c_j	6	8	4	3	5	0	0	0	0
			d_j	−1	−2	−3	−4	−1	0	0	0	0
c_B	d_B	Vectors in Basis	X	a_1	a_2	a_3	a_4	a_5	a_6	a_7	a_8	a_9
5	−1	a_5	1/2	0	0	1/2	−1/2	1	1/2	−1/2	−1/2	0
6	−1	a_1	1/2	1	0	1/2	1/2	0	−1/2	−1/2	1/2	0
8	−2	a_2	1/2	0	1	−1/2	1/2	0	−1/2	1/2	−1/2	0
0	0	a_9	0	0	0	−1	1	0	−1	0	0	1
$Z^{(1)} = 19/2$	$Z^{(2)} = 10$		$Z = 19/20$									
			$c_j - Z_j^{(1)}$	0	0	5/2	−3/2	0	9/2	3/2	7/2	0
			$d_j - Z_j^{(2)}$	0	0	−3	−3	0	−1	0	−1	0
			Δ_j	0	0	107/2	27/2	0	109/2	15	89/2	0

As X is not a prime cover solution, the cover solution is (1, 1, 0, 0, 1) and the prime covers derived from it are:

$$(1, 1, 0, 0, 0), \quad (1, 0, 0, 0, 1), \quad (0, 1, 0, 0, 1)$$

with the corresponding values of the objective function as

14/9, 11/10, 13/9, respectively.

Choose any one of these, say $X_1 = (1, 0, 0, 0, 1)$, yielding value of objective function $Z_1 = 11/10$. Now

$$B = \begin{bmatrix} 1 & 0 & 0 & 0 \\ 1 & 1 & -1 & 0 \\ 0 & 1 & 0 & 0 \\ 1 & 0 & 0 & -1 \end{bmatrix}, \quad \hat{B} = \begin{bmatrix} 1 & 0 & 0 & 0 \\ 0 & 1 & 0 & 0 \\ 1 & 1 & -1 & 0 \\ 1 & 0 & 0 & -1 \end{bmatrix},$$

$$c_B = (6, 5, 0, 0) \quad \text{and} \quad d_B = (-1, -1, 0, 0),$$

$$\hat{A} = \begin{bmatrix} 1 & 1 & 0 & 1 & 0 & -1 & 0 & 0 & 0 \\ 0 & 1 & 0 & 0 & 1 & 0 & -1 & 0 & 0 \\ 1 & 0 & 1 & 0 & 1 & 0 & 0 & -1 & 0 \\ 1 & 1 & 1 & 0 & 0 & 0 & 0 & 0 & -1 \end{bmatrix},$$

$$\begin{aligned} Z_j^{(1)} &= c_B\hat{A} = (6, 11, 0, 6, 5, -6, -5, 0, 0), \\ c_j - Z_j^{(1)} &= (0, -3, 4, -3, 0, 6, 5, 0, 0), \\ Z_j^{(2)} &= d_B\hat{A} = (-1, -2, 0, -1, -1, 1, 1, 0, 0), \\ d_j - Z_j^{(2)} &= (0, 0, -3, -3, 0, -1, -1, 0, 0), \\ \Delta_j &= (0, -30, 73, 3, 0, 71, 61, 0, 0). \end{aligned}$$

Therefore, the cut is $x_2 \geqq 1$.

The new linear fractional functional programming problem is

Minimize

$$Z = \frac{6x_1 + 8x_2 + 4x_3 + 3x_4 + 5x_5}{-x_1 - 2x_2 - 3x_3 - 4x_4 - x_5 + 12}$$

subject to

$$\begin{aligned} &x_1 + x_2 + x_4 \geqq 1, \\ &x_1 + x_3 + x_5 \geqq 1, \\ &x_2 + x_5 \geqq 1, \\ &x_1 + x_2 + x_3 \geqq 1, \\ &x_2 \geqq 1, \\ &x_1, x_2, x_3, x_4, x_5 \geqq 0. \end{aligned}$$

Solve this problem. The optimal solution is $X_2 = (0, 1, 0, 0, 1)$ and the corresponding table is

			c_j	6	8	4	3	5	0	0	0	0	0
			d_j	−1	−2	−3	−4	−1	0	0	0	0	0
c_B	d_B	Vectors in Basis	X_2	a_1	a_2	a_3	a_4	a_5	a_6	a_7	a_8	a_9	a_{10}
5	−1	a_5	1	0	0	1	−1	1	1	−1	0	0	−1
6	−1	a_1	0	1	0	0	1	0	−1	0	0	0	1
8	−2	a_2	1	0	1	0	0	0	0	0	0	0	−1
0	0	a_9	0	0	0	−1	1	0	−1	0	0	1	0
0	0	a_8	1	0	0	1	−1	0	1	−1	1	0	−2
$Z^{(1)} = 13$	$Z^{(2)} = 9$	$Z = 13/19$											
			$c_j - Z_j^{(1)}$	0	0	−1	2	0	1	5	0	0	7
			$d_j - Z_j^{(2)}$	0	0	−2	−4	0	0	−1	0	0	−2
			Δ_j	0	0	17	70	0	9	58	0	0	86

The optimal solution is a prime cover solution with

$$X_2 = (0, 1, 0, 0, 1) \quad \text{and} \quad Z_2 = 13/9 .$$

Since $Z_1 < Z_2$, therefore, X_1 is an optimal prime cover solution. The optimal prime cover solution is (1, 0, 0, 0, 1) and the value of the objective function is

$$Z = 11/10 .$$

Clearly $P_1 \cup P_5 = I$.

Acknowledgement

We are thankful to Shri H. L. Bhatia of P. G. D. A. V. College, University of Delhi, Delhi and Shri J. K. Kapur of Hans Raj College University of Delhi, Delhi for continuously encouraging us in the development of this paper. We are also very thankful to the referee for his useful comments and suggestions.

Reference

1 Lemke, C. E.; Salkin, H. M.; Spielberg, K., Set covering by single branch enumeration with linear programming sub problem, Operations Res. 19, 998—1022 (1971).
2 Pierce, J. F., Applications of combinatorial programming algorithm for a class of all zero-one integer programming problems, Management Sci. 15, 191—209 (1968).
3 Garfinkel, R. S.; Nemhouser, G. L., Integer Programming, A Wiley-Interscience Publication, John Wiley and Sons 1970.
4 Bellmore, M.; Ratliff, H. D., Set covering and involutory basis, Management Sci. 18, 194—206 (1971).
5 Kanti Swarup, Linear fractional functionals programming, Operations Res. 13, 1029—1036 (1965).
6 Kanti Swarup, Some aspects of linear fractional functional programming, Australian J. Statist. 7, 90—104 (1965).
7 Arora, S. R.; Puri, M. C., Enumeration technique for the set covering problem with linear fractional functional as its objective function, ZAMM 56, 181—186 (1977).

Eingereicht am 6. 4. 1976, revidierte Fassung am 6. 8. 1976

Anschriften: Dr. S. R. Arora, Lecturer, Department of Mathematics, Hans Raj College, University of Delhi, Delhi-110007, India;
Professor Dr. Kanti Swarup, Indian Institute of Public Administration, New Delhi-110002, India;
Dr. M. C. Puri, Lecturer, Department of Mathematics, Hans Raj College, University of Delhi, Delhi-110007, India.

ZAMM 57, 603 – 607 (1977)

PETER WILDENAUER

Erzeugung globaler Konvergenz bei regulären Zerlegungen von nichtlinearen Abbildungen

Für nichtlineare Gleichungssysteme $F(z) = w$ mit regulär zerlegbarem Operator $F : \mathbb{R}^l \to \mathbb{R}^l$ wird die globale Konvergenz von Iterationsverfahren durch einen geeigneten ersten Iterationsschritt erzeugt. Die Iterationsfolgen konvergieren gegen die kleinste bzw. größte Lösung, deren Existenz gesichert wird.

For nonlinear systems of equations $F(z) = w$ (for $F : \mathbb{R}^l \to \mathbb{R}^l$ a regular iteration function is given) the global convergence of iterative process can be established by a suitable first iteration step. The iterative sequences converge either to the minimal or to the maximal solution. The existence of these solutions is proved in this paper.

Для систем нелинейных уравнения типа $F(z) = w$ с пегупярю-разложимым оператором $F: \mathbb{R}^l \to \mathbb{R}^l$ производится глобальная сходимость с помощью пригодного первого итерационного шага. Итерационные последовательности сходятся к наименьшему или наибольшему соответсвенно решению, существование которого гарантируется.

I

Die Diskretisierung von nichtlinearen Differential- und Integralgleichungen führt auf l-dimensionale, nichtlineare Gleichungssysteme $F(z) = w$ ($F : \mathbb{R}^l \to \mathbb{R}^l$; $\mathbb{R}^l$ sei der l-dimensionale EUKLIDische Raum mit der natürlichen Halbordnung bezüglich des Kegels $K = \{(z_i) \in \mathbb{R}^l \mid z_i \geqq 0 \text{ für } i = 1, \ldots, l\}$; $x \leqq y$ bedeute $y - x \in K$). Ob sie lösbar und wie ihre Lösungen iterativ zu berechnen sind, wird in dieser Arbeit untersucht. Dabei behandeln wir den Fall, daß F durch eine Abbildung $G: \mathbb{R}^l \times \mathbb{R}^l \to \mathbb{R}^l$ regulär zerlegt werden kann (Definition von RHEINBOLDT [9] siehe unten; vgl. ALEFELD [1]), also die Iterationsvorschrift

$$G(z^{k+1}, z^k) = w \qquad (k = 1, 2, \ldots) \tag{1}$$

naheliegend ist. Jedoch ist für (1) keineswegs immer globale Konvergenz zu erwarten. Dies hat ALEFELD [2] für bijektives F untersucht. Er gibt dafür notwendige und hinreichende Bedingungen an.

Unser Ziel ist es nun, wenn für (1) nicht unbedingt globale Konvergenz vorliegt, sie für ein von (1) leicht abgewandeltes Iterationsverfahren zu erreichen. Ausführlicher gesagt: Es ist unser Vorhaben, eine Abbildung $H: \mathbb{R}^l \to \mathbb{R}^l$ so zu definieren, daß sich für (1) in Verbindung mit $z^1 := H(z^0)$ ($z^0 \in \mathbb{R}^l$) globale Konvergenz ergibt, d. h. für jedes beliebige $z^0 \in \mathbb{R}^l$ die zugehörige Iterationsfolge gegen eine Lösung konvergiert.

II

Definition (regular iteration function bei RHEINBOLDT [9], S. 534): $G : D_0 \times D_0 \subset \mathbb{R}^l \times \mathbb{R}^l \to \mathbb{R}^l$ heißt *reguläre Zerlegung von $F : D \subset \mathbb{R}^l \to \mathbb{R}^l$ bezüglich der Teilmenge D_0 von D,* wenn gilt:

$$\forall z \in D_0 \quad : G(z, z) = F(z); \tag{2}$$

$$\forall x, y, z \in D_0 : G(x, z) \leqq G(y, z) \Rightarrow x \leqq y; \tag{3}$$

$$\forall x, y, z \in D_0 : x \leqq y \Rightarrow G(z, x) \geqq G(z, y) . \tag{4}$$

Für $F = M - N : \mathbb{R}^l \to \mathbb{R}^l$ (M bijektiv, M^{-1} und N isoton) ist ein Beispiel für eine reguläre Zerlegung durch $G(x, y) := M(x) - N(y)$ gegeben. VARGA ([11], S. 88) hat dafür den Begriff der regulären Zerlegung im linearen Fall (F, M linear) geprägt.

Die auf der Halbordnung beruhenden, hier nicht definierten Begriffe findet man bei COLLATZ [5], BOHL [3], KRASNOSELSKII [6], ORTEGA und RHEINBOLDT [8]. Mit $[x, y]$ ($x, y \in \mathbb{R}^l, x \leqq y$) werde im folgenden stets das *Intervall* $[x, y] := \{z \in \mathbb{R}^l \mid x \leqq z \leqq y\}$ bezeichnet.

III

Wir setzen voraus:

(V1) Es existiere eine stetige reguläre Zerlegung $G: \mathbb{R}^l \times \mathbb{R}^l \to \mathbb{R}^l$ von F bezüglich $\mathbb{R}^l$ mit der Eigenschaft:

$$\forall z, w \in \mathbb{R}^l : \big(\exists x \in \mathbb{R}^l : G(x, z) = w\big) . \tag{5}$$

(V2) Es existiere ein linearer Operator $A : \mathbb{R}^l \to \mathbb{R}^l$ (A bijektiv, A^{-1} positiv) sowie ein Element $v \in \mathbb{R}^l$, so daß gilt:

$$\forall x, y \in \mathbb{R}^l;\ y - x \geqq 0 : \ F(y) - F(x) \geqq A(y - x) - v . \tag{6}$$

Im folgenden nehmen wir o. B. d. A. $v \geqq 0$ an.

IV

Es sei $z^+ := \big(\max (z_i, 0)\big) \in \mathbb{R}^l$ für jedes $z = (z_i) \in \mathbb{R}^l$. Mit Hilfe von (V2) und dieser Zuordnung $z \to z^+$, die eine nichtlineare Abbildung $+: \mathbb{R}^l \to \mathbb{R}^l$ vermittelt, definieren wir für jedes $w \in \mathbb{R}^l$ Abbildungen H_1, H_2: $\mathbb{R}^l \to \mathbb{R}^l$

durch

$$H_1(z) := z - A^{-1}\left((F(z) - w)^+ + v\right) \qquad (z \in \mathbb{R}^l)\,, \tag{7}$$

$$H_2(z) := z + A^{-1}\left((w - F(z))^+ + v\right) \qquad (z \in \mathbb{R}^l)\,. \tag{8}$$

Daß die Bildbereiche $H_1(\mathbb{R}^l)$ und $H_2(\mathbb{R}^l)$ aus geeigneten Startelementen für die Iteration (1) bestehen, bestätigt der folgende Satz.

V

Satz 1: *Sei $F\colon \mathbb{R}^l \to \mathbb{R}^l$ ein Operator, der* (V1) *und* (V2) *erfülle. Dann ist F surjektiv, und die Iterationsverfahren* (1), $z^1 := H_1(z^0)$ $(z^0 \in \mathbb{R}^l)$ *und* (1), $z^1 := H_2(z^0)$ $(z^0 \in \mathbb{R}^l)$ *konvergieren global.*

Ausführlicher: *Für jedes $w \in \mathbb{R}^l$ definiert $G(z^{k+1}, z^k) = w$ $(k = 1, 2, \ldots)$ mit $z^1 := H_1(z^0)$ $\left(bzw.\ z^1 := H_2(z^0)\right)$ $(z^0 \in \mathbb{R}^l)$ eine ab z^1 monoton wachsende (bzw. fallende) Folge in $J := [H_1(z^0), H_2(z^0)]$, die gegen $z^* \in J$ (bzw. $z^{**} \in J$) mit $F(z^*) = w$ (bzw. $F(z^{**}) = w$) konvergiert.*

Beweis: Für jedes $w \in \mathbb{R}^l$ definiert $G\left(T(z), z\right) = w$ $(z \in \mathbb{R}^l)$ einen Operator $T\colon \mathbb{R}^l \to \mathbb{R}^l$, denn $T(z)$ existiert wegen (5) und ist aufgrund von (3) eindeutig. Damit sind die Iterationsfolgen definiert. Es gilt $z^{k+1} := T(z^k)$ $(k = 1, 2, \ldots)$. Die Monotonie der Iterationsfolgen ab z^1 und $T(J) \subset J$ folgen aus der Isotonie von T und (9):

$$T\left(H_1(z^0)\right) \geqq H_1(z^0)\,, \qquad T\left(H_2(z^0)\right) \leqq H_2(z^0)\,. \tag{9}$$

T ist nämlich isoton, denn aus $x \leqq y$ $(x, y \in \mathbb{R}^l)$ folgt wegen (4) $G\left(T(y), x\right) \geqq G\left(T(y), y\right) = w = G\left(T(x), x\right)$, woraus wegen (3) $T(x) \leqq T(y)$ folgt.

Zu (9): Wegen (V2), $H_1(z^0) \leqq z^0 \leqq H_2(z^0)$, (7), (8) und (2) gilt

$$\begin{aligned} w - G\left(H_1(z^0), H_1(z^0)\right) &= F(z^0) - F\left(H_1(z^0)\right) + \left(w - F(z^0)\right)^+ - \left(F(z^0) - w\right)^+ \\ &\geqq AA^{-1}\left((F(z^0) - w)^+ + v\right) + \left(w - F(z^0)\right)^+ - \left(F(z^0) - w\right)^+ - v \\ &= \left(w - F(z^0)\right)^+ \geqq 0 \end{aligned}$$

und

$$\begin{aligned} w - G\left(H_2(z^0), H_2(z^0)\right) &= F(z^0) - F\left(H_2(z^0)\right) + \left(w - F(z^0)\right)^+ - \left(F(z^0) - w\right)^+ \\ &\leqq -AA^{-1}\left((w - F(z^0))^+ + v\right) + \left(w - F(z^0)\right)^+ - \left(F(z^0) - w\right)^+ + v \\ &= -\left(F(z^0) - w\right)^+ \leqq 0\,. \end{aligned}$$

Damit gilt:

$$G\left(T(H_1(z^0)), H_1(z^0)\right) = w \geqq G\left(H_1(z^0), H_1(z^0)\right)$$

und

$$G\left(T(H_2(z^0)), H_2(z^0)\right) = w \leqq G\left(H_2(z^0), H_2(z^0)\right)\,.$$

Wegen (3) folgt somit die Behauptung (9).

Die Konvergenz der Iterationsfolge für $z^1 := H_1(z^0)$ $\left(\text{bzw. } z^1 := H_2(z^0)\right)$ gegen ein Element $z^* \in J$ (bzw. $z^{**} \in J$) folgt aus der Monotonie der Folge und der Beschränkung durch $H_2(z^0)$ $\left(\text{bzw. } H_1(z^0)\right)$. Da G stetig ist, gilt

$$w = \lim_{k \to \infty} G(z^{k+1}, z^k) = G(z^*, z^*) = F(z^*) \qquad \left(\text{bzw. } w = F(z^{**})\right)\,. \qquad \text{Q.E.D.}$$

Der Beweis zeigt ferner das bekannte Ergebnis, daß $F(z) = w$ $\left(w \in \mathbb{R}^l, F\colon \mathbb{R}^l \to \mathbb{R}^l \text{ erfülle (V1)}\right)$ eine Lösung z^* in $[x, y]$ $(x, y \in \mathbb{R}^l, x \leqq y)$ besitzt, falls die Elemente x, y die Ungleichungen $F(x) \leqq w \leqq F(y)$ oder auch die daraus folgenden Ungleichungen $T(x) \geqq x$, $T(y) \leqq y$ erfüllen (siehe Satz 6.3 von RHEINBOLDT [9], S. 536). Der wesentliche Unterschied unserer Ausführungen zu Satz 6.3 von RHEINBOLDT [9] liegt also darin, daß (V2) die Konstruktion solcher Elemente x, y ermöglicht. Entsprechende Elemente u^0, v^0 definiert RHEINBOLDT [9] beim Beweis seines Satzes 6.4. Wegen der Verwendung von F^{-1} haben sie ausschließlich beweistechnischen Nutzen. Verfahren zur Berechnung von Startelementen für verschiedene Iterationsvorschriften wurden u. a. von den Autoren BOHL [3], BRAESS [4], MÖNCH [7] und J. W. SCHMIDT [10] für unterschiedliche Aufgaben angegeben. MÖNCH [7] behandelt beispielsweise den speziellen Fall $v = 0$ von (V2) (das bedeutet eindeutig lösbare Probleme) und benutzt dabei $|z| := \left(\max(z_i, -z_i)\right)$ $\left((z_i) \in \mathbb{R}^l\right)$ an Stelle von z^+.

Bemerkung: Beim Satz 1 kann die Voraussetzung (V2) abgeschwächt werden. Es genügt, statt der Existenz von A^{-1} die eines positiven Operators $A^\sim\colon \mathbb{R}^l \to \mathbb{R}^l$ mit $AA^\sim \geqq \text{id}$ (id Identität) zu fordern. Ferner muß A nicht linear sein.

VI

Man kann an F zusätzliche Voraussetzungen stellen, die für jedes Bild $w \in \mathbb{R}^l$ nur eine Lösung von $F(z) = w$ zulassen, also F injektiv ist. Uns interessiert jedoch der Fall mehrerer Lösungen bzw. eindeutiger Lösungen für nur bestimmte Bilder $w \in \mathbb{R}^l$. Dann stellen sich für gegebenes $w \in \mathbb{R}^l$ die beiden Fragen:

1) Konvergiert die Folge, die durch (1), $z^1 := H_1(z^0)$ $\left(\text{bzw. (1), } z^1 := H_2(z^0)\right)$ definiert ist, für verschiedene $z^0 \in \mathbb{R}^l$ gegen unterschiedliche Lösungen oder gegen ein und dieselbe Lösung?

2) Gelingt es, einen möglichst kleinen Bereich zu finden, der sämtliche Lösungen enthält? Können Aussagen über diesen Lösungsbereich gemacht werden?

Eine Aussage über den Lösungsbereich gibt der Satz 2.

Satz 2: *Zu jedem* $w \in \mathbb{R}^l$ *existieren Lösungen* $z^*_{\min}, z^*_{\max} \in \mathbb{R}^l$ *der Gleichung* $F(z) = w$, *wobei* $F: \mathbb{R}^l \to \mathbb{R}^l$ (V1) *und* (V2) *erfülle, so daß sämtliche Lösungen von* $F(z) = w$ *in* $[z^*_{\min}, z^*_{\max}]$ *enthalten sind.*

Definition: $z^*_{\min}$ heißt *kleinste* und $z^*_{\max}$ *größte Lösung*.

Beweis: Nach Satz 1 existiert zu jedem $w \in \mathbb{R}^l$ mindestens eine Lösung von $F(z) = w$. Deshalb folgt die Behauptung aus den beiden folgenden Lemmata 1 und 2. Q. E. D.

Lemma 1: $z^*_1 \in \mathbb{R}^l$ *sei Lösung von* $F(z) = w$ $(F: \mathbb{R}^l \to \mathbb{R}^l$ *erfülle* (V1) *und* (V2), $w \in \mathbb{R}^l)$. *Dann enthält* $[H_1(z^*_1), H_2(z^*_1)]$ *sämtliche Lösungen von* $F(z) = w$.

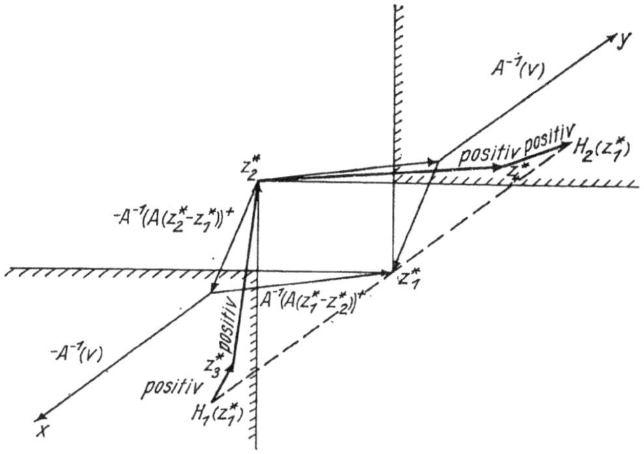

Fig. 1. Zum Beweis von Lemma 1 (Der Beweis zeigt, daß $H_1(z^*_1)$ und $H_2(z^*_1)$ für eine beliebige Lösung z^*_2 von $F(z) = w$ in den durch Schraffur gekennzeichneten Bereichen liegen.)

Beweis: $z^*_2 \in \mathbb{R}^l$ sei eine beliebige Lösung von $F(z) = w$. Es gilt $z^*_1 - z^*_2 = A^{-1}(A(z^*_1 - z^*_2))^+ - A^{-1}(A(z^*_2 - z^*_1))^+$, so daß $x \in \mathbb{R}^l$ und $y \in \mathbb{R}^l$, definiert durch

$$x := z^*_2 - A^{-1}(Az^*_2 - z^*_1))^+ - A^{-1}(v) = z^*_1 - A^{-1}(A(z^*_1 - z^*_2))^+ - A^{-1}(v)$$

und

$$y := z^*_2 + A^{-1}(A(z^*_1 - z^*_2))^+ + A^{-1}(v) = z^*_1 + A^{-1}(A(z^*_2 - z^*_1))^+ + A^{-1}(v)\,,$$

die Beziehung $x \leqq z^*_1, z^*_2 \leqq y$ erfüllen. Ferner gilt

$$T(z^*_1) = z^*_1\,, \qquad T(z^*_2) = z^*_2\,, \qquad T(x) \geqq x \quad \text{und} \quad T(y) \leqq y\,, \tag{10}$$

wobei T (wie im folgenden immer) wieder der durch $G(T(z), z) = w$ $(z \in \mathbb{R}^l)$ definierte isotone Operator $T: \mathbb{R}^l \to \mathbb{R}^l$ ist.

Begründung von (10): $T(z^*_1) = z^*_1$ folgt aus $w = F(z^*_1) = G(z^*_1, z^*_1) = G(T(z^*_1), z^*_1)$. Analog folgt $T(z^*_2) = z^*_2$. Aus

$$w - G(x, x) = F(z^*_2) - F(x) \geqq A(z^*_2 - x) - v = (A(z^*_2 - z^*_1))^+ \geqq 0$$

folgt $G(T(x), x) = w \geqq G(x, x)$ und schließlich $T(x) \geqq x$. Aus

$$w - G(y, y) = F(z^*_2) - F(y) \leqq -A(y - z^*_2) + v = -(A(z^*_1 - z^*_2))^+ \leqq 0$$

folgt $G(T(y), y) = w \leqq G(y, y)$ und schließlich $T(y) \leqq y$. Damit ist (10) richtig.

Mit (10) folgt wie beim Beweis von Satz 1 die Existenz von Lösungen z^*_3 und z^*_4 der Gleichung $F(z) = w$ mit der Eigenschaft $z^*_3 \leqq z^*_1, z^*_2 \leqq z^*_4$. Ferner gilt

$$0 = A^{-1}(F(z^*_1) - F(z^*_3)) \geqq A^{-1}A(z^*_1 - z^*_3) - A^{-1}(v)$$

und

$$0 = A^{-1}(F(z^*_4) - F(z^*_1)) \geqq A^{-1}A(z^*_4 - z^*_1) - A^{-1}(v)\,.$$

Damit folgt schließlich die Behauptung

$$H_1(z^*_1) = z^*_1 - A^{-1}(v) \leqq z^*_3 \leqq z^*_2 \leqq z^*_4 \leqq z^*_1 + A^{-1}(v) = H_2(z^*_1)\,.$$

Q.E.D.

Lemma 2: *Die Menge* $[H_1(z^0), H_2(z^0)] \backslash [z^*, z^{**}]$ $(z^0 \in \mathbb{R}^l$; $z^* \in \mathbb{R}^l$ *(bzw.* $z^{**} \in \mathbb{R}$) *sei Grenzwert der durch* (1), $z^1 := H_1(z^0)$ *(bzw.* (1), $z^1 := H_2(z^0))$ *definierten Folge) enthält keine Lösung von* $F(z) = w$ $(F: \mathbb{R}^l \to \mathbb{R}^l$ *erfülle* (V1) *und* (V2), $w \in \mathbb{R}^l)$.

Beweis: Sei $z^*_1 \in J = [H_1(z^0), H_2(z^0)]$ eine beliebige Lösung von $F(z) = w$ in J. Mit dem früher definierten isotonen Operator $T: \mathbb{R}^l \to \mathbb{R}^l$ gilt (siehe (9))

$$H_1(z^0) \leqq T(H_1(z^0))\,, \qquad z^*_1 = T(z^*_1)\,, \qquad T(H_2(z^0)) \leqq H_2(z^0)\,, \tag{11}$$

so daß mit dem im Beweis von Satz 1 verwendeten Fixpunktsatz die Einschließung

$$H_1(z^0) \leqq z^* \leqq z^*_1 \leqq z^{**} \leqq H_2(z^0) \tag{12}$$

folgt (d. h. insbesondere, daß $[z^*, z^{**}]$ existiert). Q.E.D.

Bemerkung: Mit Satz 2 folgt für $v = 0$ die Eindeutigkeit der Lösung für beliebiges Bild $w \in \mathbb{R}^l$ direkt aus $A^{-1}(v) \geqq z^*_{\max} - z^*_{\min} \geqq 0$.

Eine Antwort auf die erste Frage gibt der Satz 3.

Satz 3: *Sei $F : \mathbb{R}^l \to \mathbb{R}^l$ ein Operator, der* (V1) *und* (V2) *erfülle, und $w \in \mathbb{R}^l$. Für jedes $z^0 \in \mathbb{R}^l$ konvergiert die zugehörende, nämlich die durch* (1), $z^1 := H_1(z^0)$ *(bzw.* (1), $z^1 := H_2(z^0)$*) definierte Iterationsfolge gegen die kleinste (bzw. größte) Lösung $z^*_{\min}$ (bzw. $z^*_{\max}$) von $F(z) = w$.*

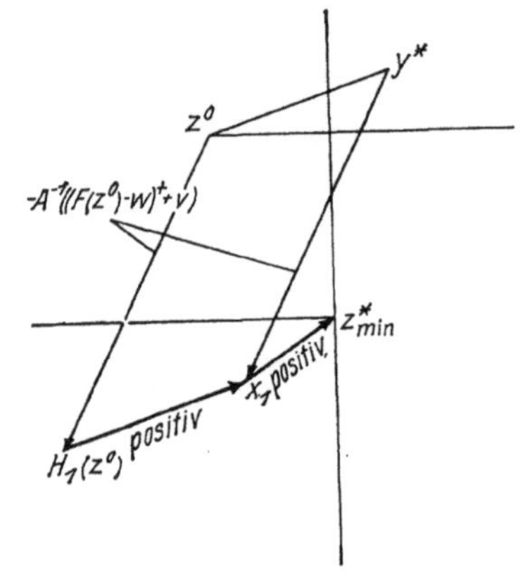

Fig. 2. Zum Beweis von Satz 3

Beweis: Wir behandeln nur den Fall $z^1 := H_1(z^0)$, da der Fall $z^1 := H_2(z^0)$ entsprechend bearbeitet werden kann. Nach den bereits erfolgten Schlüssen genügt es, wenn $H_1(z^\circ) \leqq z^*_{\min}$ für beliebiges $z^\circ \in \mathbb{R}^l$ gezeigt wird.

Zunächst wird gezeigt:

$$\exists y^* \in \mathbb{R}^l : F(y^*) = w + \big(F(z^\circ) - w\big)^+ =: w_1 \quad \text{und} \quad z^\circ, z^*_{\min} \leqq y^* . \tag{13}$$

Dann folgt wegen

$$H_1(z^\circ) = z^\circ - A^{-1}\,\big((F(z^\circ) - w)^+ + v\big) \leqq y^* - A^{-1}\big((F(z^\circ) - w)^+ + v\big) =: x_1$$

die Behauptung $H_1(z^\circ) \leqq z^*_{\min}$ aus

$$x_1 \leqq z^*_{\min} . \tag{14}$$

Zu (13): Sei $y_1 := z^0 + A^{-1}\,\big((w - F(z^0))^+ + v\big)$ $\big(y_1 = H_2(z^\circ)$ bezüglich $w_1\big)$ und $y_2 := z^*_{\min} + A^{-1}\,\big((F(z^0) - w)^+ + v\big)$ $\big(y_2 = H_2(z^*_{\min})$ bezüglich $w_1\big)$. Die Ungleichungen $z^0 \leqq y_1$, $z^*_{\min} \leqq y_2$, $F(z^0) \leqq w_1$ und $F(z^*_{\min}) \leqq w_1$ sind trivial. $w_1 \leqq F(y_1)$ und $w_1 \leqq F(y_2)$ folgen durch (V2):

$$F(y_1) - F(z^0) \geqq A(y_1 - z_0) - v = \big(w - F(z^0)\big)^+ = w - F(z^0) + \big(F(z^0) - w\big)^+ = w_1 - F(z_0)$$

$$F(y_2) - F(z^*_{\min}) \geqq A(y_2 - z^*_{\min}) - v = \big(F(z^0) - w\big)^+ = \big(F(z^0) - w\big)^+ + w - F(z^*_{\min}) = w_1 - F(z^*_{\min}) .$$

Damit existieren Lösungen $y_1^* \in [z^0, y_1]$ und $y_2^* \in [z^*_{\min}, y_2]$ von $F(z) = w_1$. Mit Satz 2 folgt die Behauptung (13).

Zu (14):

$$x_1 = y^* - A^{-1}\big((F(z^0) - w)^+ + v\big) = y^* - A^{-1}\big(F(y^*) - F(z^*_{\min}) + v\big) \leqq y^* - A^{-1}A(y^* - z^*_{\min}) = z^*_{\min} .$$

Q.E.D.

Zu $w \in \mathbb{R}^l$ gibt es genau eine Lösung von $F(z) = w$ $\big(F : \mathbb{R}^l \to \mathbb{R}^l$ erfülle (V1) und (V2)$\big)$ genau dann, wenn (1), $z^1 := H_1(z^0)$ $(z^0 \in \mathbb{R}^l)$ und (1), $z^1 := H_2(z^0)$ $(z^0 \in \mathbb{R}^l)$ den gleichen Grenzwert besitzen.

Bemerkung: Die erzielten Ergebnisse ließen sich unschwer auf nicht endlich-dimensionale Räume mit allgemeinen Kegeln übertragen. Jedoch müßte man eine entsprechende Abbildung + definieren. Dies würde ein erzeugender Kegel des Bildraumes ermöglichen. Zusätzliche Voraussetzungen bräuchte man ferner, um die Konvergenz der Iterationsfolgen sichern zu können (z. B. Regularität des Urbildraumes [6] oder Vollstetigkeit von $T : Z \to Z$ (Z halbgeordneter, reeller Banach-Raum)).

Literatur

1 ALEFELD, G., Über reguläre Zerlegungen bei nichtlinearen Abbildungen, ZAMM **52**, 233–238 (1972).
2 ALEFELD, G., Über konvergente Zerlegungen bei nichtlinearen Abbildungen, a) ZAMM **56**, T 273 (1976); b) ZAMM **56**, 299–302 (1976).
3 BOHL, E., Monotonie: Lösbarkeit und Numerik bei Operatorgleichungen, Springer-Verlag, Berlin-Heidelberg-New York 1974.
4 BRAESS, D., Die Konstruktion monotoner Iterationsfolgen zur Lösungseinschließung bei linearen Gleichungssystemen, Arch. Rat. Mech. Analysis **9**, 97–106 (1962).
5 COLLATZ, L., Funktionalanalysis und numerische Mathematik, Springer-Verlag, Berlin-Heidelberg-New York 1968.
6 KRASNOSELSKII, M. A., Positive Solutions of Operator Equations, P. Noordhoff Ltd., Groningen 1964.
7 MÖNCH, W., Monotone Einschließung von Lösungen nichtlinearer Gleichungssysteme, ZAMM **54**, 807–812 (1974).

8 ORTEGA, J. M.; RHEINBOLDT, W. C., Iterative Solution of Non-Linear Equations in Several Variables, Academic Press, New York-London 1970.
9 RHEINBOLDT, W. C., On classes of n-dimensional nonlinear mappings generalizing several types of matrices, Technical Report 70—117, University of Maryland, Computer Science Center, College Park, Maryland und in: Proc. Symp. on Num. Sol. of Part. Diff. Eqn. II, Academic Press. Inc., New York 1971.
10 SCHMIDT, J. W., Ausgangsvektoren für monotone Iterationen bei linearen Gleichungssystemen, Numer. Math. **6**, 78—88 (1964).
11 VARGA, R., Matrix Iterative Analysis, Prentice-Hall Inc., New Jersey 1962.

Eingereicht am 29. 6. 1976, revidierte Fassung am 5. 10. 1976

Anschrift: Doz. Dr. PETER WILDENAUER, Gesamthochschule Kassel, OE III, Heinrich-Plett-Str. 40, D-3500 Kassel, Bundesrepublik Deutschland

KLEINE MITTEILUNGEN

ZAMM 57, 609 (1977)

H. Brass

Ein Gegenbeispiel zum Newton-Cotes-Verfahren

$P_n[f]$ bedeute das Interpolationspolynom der Funktion f bezüglich der Stützstellen $x_i = in^{-1}$ ($i = -n, -n+1, \ldots, n$). Ein Standard-Verfahren der numerischen Integration besteht darin, $\int_{-1}^{1} f(x)\,dx$ anzunähern durch $Q_n[f] := \int_{-1}^{1} P_n[f](x)\,dx$. Ein Hauptergebnis der Theorie dieses „Newton-Cotes-Verfahrens" ist, daß $\lim_{n\to\infty} Q_n[f] = \int_{-1}^{1} f(x)\,dx$ nicht für jedes stetige f gilt. Eine Gruppe von Beweisen dieses Resultates (Kusmin (in Natanson [5] S. 460–466), Pólya [6], besonders kurz Locher [4]) stützt sich auf den Satz von Banach-Steinhaus und erhält somit nur die Existenz einer stetigen Funktion f mit divergenter Folge $Q_n[f]$, eine andere (Kusmin [3], Barret [1], Brass [2]) gibt explizit solche Funktionen an und präzisiert die Art der Divergenz. Ziel dieser Note ist ein Beweis des zweiten Typs, der wesentlich kürzer ist als die bekannten Beweise.

Satz: *Für die Funktion $f(x) = |x|$ gilt*

$$\lim_{n\to\infty} (-1)^n \int_{-1}^{1} P_n[f](x)\,dx = \infty\,.$$

Beweis: Man stellt $P_n[f]$ in der Newtonschen Form dar:

$$P_n[f] = \sum_{\nu=0}^{2n} \nu!^{-1}\, n^\nu \Delta^\nu f(x_{-n}) \prod_{\mu=-n}^{\nu-n-1} (x - x_\mu)$$

$$= -x + \sum_{\nu=n+1}^{2n} \nu!^{-1}\, n^\nu \Delta^\nu f(x_{-n}) \prod_{\mu=-n}^{\nu-n-1} (x - x_\mu)\,.$$

Es ist

$$\Delta^\nu f(x_{-i}) = 2n^{-1}\,(-1)^{\nu+n+1}\binom{\nu-2}{i-1}, \qquad \nu \geqq 2\,,$$

leicht durch Induktion nachzuweisen. Also:

$$\int_{-1}^{1} P_n[f](x)\,dx = 2\int_{-1}^{0} P_n[f](x)\,dx =$$

$$1 + 4\sum_{\nu=n+1}^{2n} \nu!^{-1}\, n^{\nu-1}\binom{\nu-2}{n-1}(-1)^{\nu+n+1}\int_{-1}^{0}\prod_{\mu=-n}^{\nu-n-1}(x - x_\mu)\,dx\,.$$

Zum Beweis genügt es somit,

$$(-1)^{\nu+1}\int_{-1}^{0}\prod_{\mu=-n}^{\nu-n-1}(x - x_\mu)\,dx \geqq 0\,, \qquad \nu = n+1, \ldots, 2n\,, \tag{1}$$

und

$$(2n)!^{-1} n^{2n-1}\binom{2n-2}{n-1}\left|\int_{-1}^{0}\prod_{\mu=-n}^{n-1}(x - x_\mu)\,dx\right| \to \infty \tag{2}$$

zu zeigen. Dazu geht man aus von

$$\int_{-1}^{0}\prod_{\mu=-n}^{\nu-n-1}(x - x_\mu)\,dx$$

$$= \frac{n}{\nu+1}\int_{-1}^{0}\left[\prod_{\mu=-n}^{\nu-n}(x + n^{-1} - x_\mu) - \prod_{\mu=-n}^{\nu-n}(x - x_\mu)\right]dx$$

und beachtet die elementare Identität (gültig für u, v beliebig)

$$\int_{u}^{0}[f(x+v) - f(x)]\,dx = \int_{v}^{0}[f(-x+u+v) - f(x)]\,dx\,,$$

mit deren Hilfe

$$\int_{-1}^{0}\prod_{\mu=-n}^{\nu-n-1}(x - x_\mu)\,dx$$

$$= \frac{n}{\nu+1}\int_{n^{-1}}^{0}\left[\prod_{\mu=-n}^{\nu-n}(-x - 1 + n^{-1} - x_\mu) - \prod_{\mu=-n}^{\nu-n}(x - x_\mu)\right]dx$$

$$= (-1)^\nu\frac{n}{\nu+1}\int_{0}^{n^{-1}}\left[\prod_{\mu=-1}^{\nu-1}(x + x_\mu) + (-1)^\nu\prod_{\mu=n-\nu}^{n}(x + x_\mu)\right]dx$$

$$= (-1)^{\nu+1}\frac{n}{\nu+1}\int_{0}^{n^{-1}}(n^{-1} - x)\prod_{\mu=0}^{n}(x + x_\mu)\times$$

$$\times\left\{\prod_{\mu=n+1}^{\nu-1}(x + x_\mu) + (-1)^\nu\prod_{\mu=n-\nu}^{-2}(x + x_\mu)\right\}dx$$

folgt. Hier ist die geschweifte Klammer nichtnegativ, denn jeder Faktor des ersten Produktes ist $\geqq 1$, während der Betrag jedes Faktors des zweiten Produktes $\leqq 1$ ist. Folglich ist das Integral nichtnegativ, das ist (1).

Zum Beweis von (2) benützt man die eben hergeleitete Beziehung für $\nu = 2n$ und schätzt nach unten ab (für $n \geqq 3$):

$$\left|\int_{-1}^{0}\prod_{\mu=-n}^{n-1}(x - x_\mu)\,dx\right|$$

$$= \frac{n}{2n+1}\int_{0}^{n^{-1}}(n^{-1} - x)\prod_{\mu=0}^{n}(x + x_\mu)\times$$

$$\times\left\{\prod_{\mu=n+1}^{2n-1}(x + x_\mu) + \prod_{\mu=-n}^{-2}(x + x_\mu)\right\}dx$$

$$\geqq \frac{n}{2n+1}\prod_{\mu=1}^{n} x_\mu\left\{\prod_{\mu=n+1}^{2n-1} x_\mu - \prod_{\mu=2}^{n} x_\mu\right\}\int_{0}^{n^{-1}}(n^{-1} - x)\,x\,dx$$

$$\geqq \frac{n}{2n+1}\,\frac{1}{2}\prod_{\mu=1}^{2n-1} x_\mu\,\frac{1}{6n^3} = \frac{1}{(2n+1)\,24n^2}\,\frac{(2n)!}{n^{2n}}\,.$$

Nun folgt (2) sofort.

Zum Schluß sei noch bemerkt, daß der Fall gerader Stützstellenzahl sich ganz analog behandeln läßt.

Literatur

1 Barret, W., On the convergence of Cotes' quadrature formula, J. London Math. Soc. 39, 296–302 (1964).

2 Brass, H., Divergenz beim Newton-Cotesschen Quadraturverfahren, Abh. Math. Sem. Univ. Hamburg 32, 7–19 (1968).

3 Kusmin, R. O., Zur Theorie der mechanischen Quadratur (Russ.) Izvestija politehn. inst. (Leningrad), Otd. tehn. estestv. mat. 30, 5–14 (1931).

4 Locher, F., Norm bounds of quadrature processes, SIAM J. Numer. Analysis 10, 553–558 (1973).

5 Natanson, I. P., Konstruktive Funktionentheorie, Akademie-Verlag Berlin 1955.

6 Pólya, G., Über die Konvergenz von Quadraturverfahren, Math. Z. 37, 264–286 (1933).

Eingereicht am 10. 6. 1976

Anschrift: Prof. Dr. H. Brass, Fachbereich 5 der Universität Osnabrück, Albrechtstraße 28, D-4500 Osnabrück

ZAMM 57, 609–610 (1977)

K. Bosch

Eine Charakterisierung der Exponentialverteilungen

Wir betrachten eine exponentialverteilte Zufallsvariable X mit der Verteilungsfunktion

$$F(t) = \mathsf{P}(X < t) = \begin{cases} 0 & \text{für } t \leqq 0\,, \\ 1 - e^{-\lambda t},\ \lambda > 0, & \text{für } t > 0\,. \end{cases} \tag{1}$$

Bekanntlich erfüllen die Exponentialverteilungen in der Klasse der absolut stetigen Verteilungsfunktionen als einzige folgende Eigenschaft

$$\mathsf{P}(X < t + h / X \geqq t) = \frac{F(t+h) - F(t)}{1 - F(t)} = \mathsf{P}(X < h) = F(h) \quad \text{für alle } t, h > 0\,. \tag{2}$$

Beschreibt die Zufallsvariable X die Lebensdauer eines Gegenstandes, so besagt die Eigenschaft (2) folgendes: Falls der Gegenstand den Zeitpunkt t überlebt hat, so ist die Verteilungsfunktion der restlichen Lebensdauer gleich der (Ausgangs-)Verteilungsfunktion F.

Wir wollen hier eine weitere *charakteristische Eigenschaft der Exponentialverteilungen* behandeln, wobei wir der Anschaulichkeit halber davon ausgehen, daß die entsprechende Zufallsvariable X eine Lebensdauer beschreibe.

Zu einer fest vorgegebenen reellen Zahl $t_1 > 0$ betrachten wir die halboffenen Intervalle

$$I_k = [(k-1)\, t_1,\, kt_1) \quad \text{für} \quad k = 1, 2, \ldots\,. \tag{3}$$

Wir interessieren uns jetzt nicht mehr für die genaue Ausfallzeit t, sondern nur noch dafür, in welchem Intervall der Gegenstand ausfällt. Durch diese „Diskretisierung" wird eine *diskrete* Zufallsvariable X_{t_1} bestimmt mit dem Wertebereich $W(X_{t_1}) = \{1, 2, 3, \ldots\}$ und den zugehörigen Wahrscheinlichkeiten

$$\begin{aligned} p_k &= \mathsf{P}(X_{t_1} = k) = \mathsf{P}(X \in I_k) = \mathsf{P}((k-1)\, t_1 \leqq X < kt_1) \\ &= F(kt_1) - F((k-1)\, t_1) = (1 - \mathrm{e}^{-\lambda k t_1}) - (1 - \mathrm{e}^{-\lambda(k-1) t_1}) \\ &= \mathrm{e}^{-\lambda(k-1)t_1} - \mathrm{e}^{-\lambda k t_1} = (\mathrm{e}^{-\lambda t_1})^{k-1} (1 - \mathrm{e}^{-\lambda t_1}), \quad k = 1, 2, \ldots\,. \end{aligned}$$

Die diskretisierte Zufallsvariable X_{t_1} ist geometrisch verteilt mit dem Parameter $p = 1 - \mathrm{e}^{-\lambda t_1} = F(t_1)$ mit $0 < F(t_1) < 1$. Sie besitzt den Erwartungswert

$$\mathsf{E}(X_{t_1}) = \sum_{k=1}^{\infty} k[F(kt_1) - F((k-1)\, t_1)] = \frac{1}{F(t_1)}\,. \tag{4}$$

Dabei gilt diese Eigenschaft für jedes $t_1 > 0$.

Wir nehmen nun umgekehrt an, daß diese Eigenschaft für jedes $t_1 > 0$ erfüllt ist, und zeigen, daß dann F die Verteilungsfunktion einer exponentialverteilten Zufallsvariablen ist.

Die angegebene Bedingung ist genau dann erfüllt, wenn für jedes $t_1 > 0$ und jedes $k \in \mathbb{N}$ gilt

$$\mathsf{P}(X_{t_1} = k) = F(kt_1) - F((k-1)\, t_1) = F(t_1) \cdot [1 - F(t_1)]^{k-1}\,.$$

Wegen $F(0) = 0$ folgt hieraus mit $q = 1 - F(t_1)$

$$F(2t_1) = F(t_1) + F(t_1) \cdot [1 - F(t_1)] = F(t_1)\,(1 + q)$$

bzw.

$$F(kt_1) = F((k-1)\, t_1) + F(t_1)\, q^{k-1}, \qquad k = 2, 3, \ldots\,.$$

Vollständige Induktion liefert unmittelbar die Identität

$$\begin{aligned} F(kt_1) &= F(t_1)\,(1 + q + \ldots + q^{k-1}) = F(t_1)\frac{1 - q^k}{1 - q} \\ &= 1 - q^k = 1 - [1 - F(t_1)]^k\,, \quad \text{d. h.} \end{aligned}$$

$$1 - F(kt_1) = [1 - F(t_1)]^k\,, \qquad k = 1, 2, \ldots\,. \tag{5}$$

Aus der angegebenen Bedingung folgt unmittelbar

$$0 < c := 1 - F(1) < 1\,. \tag{6}$$

Mit $t_1 = 1/n$ und $k = n$ folgt aus (5) die Identität

$$F\left(\frac{1}{n}\right) = 1 - c^{1/n}\,. \tag{7}$$

$k = m$ und $t_1 = 1/n$ ergibt aus (6) und (7) entsprechend

$$F\left(\frac{m}{n}\right) = 1 - c^{m/n} = 1 - \mathrm{e}^{\ln c \cdot (m/n)} \quad \text{für alle} \quad m, n \in \mathbb{N}\,. \tag{8}$$

Aus $0 < c < 1$ folgt aber

$$\lambda = -\ln c = -\ln(1 - F(1)) > 0\,.$$

Somit gilt wegen (8) für alle rationalen Zahlen $r > 0$

$$F(r) = 1 - \mathrm{e}^{-\lambda r}\,, \qquad r > 0, \quad r \text{ rational}\,. \tag{9}$$

Da F als Verteilungsfunktion linksseitig stetig ist, folgt aus (9) für alle reellen Zahlen $t > 0$ die Darstellung

$$F(t) = 1 - \mathrm{e}^{-\lambda t}\,, \qquad t > 0\,. \tag{10}$$

Damit haben wir folgenden Satz bewiesen:

Satz: *F ist genau dann Verteilungsfunktion einer exponentialverteilten Zufallsvariablen X, wenn für jedes $t_1 > 0$ die Bedingung*

$$F(kt_1) - F((k-1)\, t_1) = F(t_1) \cdot [1 - F(t_1)]^{k-1}\,, \quad k = 1, 2, \ldots$$

mit $F(0) = 0$ und $0 < F(t_1) < 1$ erfüllt ist. Diese Bedingung ist damit äquivalent, daß jede diskretisierte Zufallsvariable X_{t_1} exponentialverteilt ist mit $0 < p < 1$.

Bemerkung: Die behandelte Eigenschaft ist für die Praxis sehr interessant, da man bei jeder äquidistanten Diskretisierung eine geometrisch verteilte Zufallsvariable erhält. Diese Eigenschaft kann zur Simulation von Erneuerungsprozessen benutzt werden. Im diskretisierten Prozeß kann dann die Verteilungsfunktion F durch die entsprechende geometrische Verteilung ersetzt werden.

Im Falle $F(t_1) = 1/2$ kann die Simulation mit Hilfe einer idealen Münze durchgeführt werden, während für $F(t_1) = 1/6$ ein idealer Würfel genügt.

Eingereicht am 25. 9. 1976

Anschrift: Prof. Dr. K. Bosch, Institut für Angewandte Mathematik und Statistik, Universität Hohenheim, Schloß-Westhof-Süd, 7000 Stuttgart-70, BRD

ZAMM 57, 610 – 613 (1977)

Jagdish Saran

Joint Distributions Based on Zeros, Horizontal Crossings and Maximum Deviation

1. Introduction

Takács [6, 7] has considered a sequence of *interchangeable* random variables $V_1, V_2, \ldots, V_n$ taking on non-negative integers and determined the distributions of certain statistics concerning the partial sums $N_r = V_1 + \ldots + V_r$, $r = 1, 2, \ldots, n$, viz., Δ_n, Δ_n^*, $\Delta_n^{(c)}$ and $\Delta_n^{(-c)}$.

The author and Kanwar Sen [2] have considered a sequence $V_1, V_2, \ldots, V_n$ of *mutually independent* random variables having a *common geometric distribution*, i.e.

$$\mathsf{P}\{V_r = i\} = pq^i\,, \qquad i = 0, 1, 2, \ldots\,, \tag{1}$$

where $p + q = 1$ and $0 < p < 1$, and then derived the distributions of the statistics Δ_n, ϱ_n, ∇_n and ∇_n^* by means of path methods as used by Csáki and Vincze [1], Kanwar Sen [3] and Sujan [4, 5]. Sujan [4, 5] has obtained the joint distributions of runs, crossings and Kolmogorov-Smirnov statistics by introducing the notion of a *composed path*.

In the present paper I propose to investigate the joint distributions of $\{\varrho_n, Z_n\}$ and $\left\{\max\limits_{1 \leq r \leq n} (N_r - r), Z_n\right\}$ for *geometric random variables* $V_1, V_2, \ldots, V_n$ under the condition that $N_n = V_1 + \ldots + V_n = k$ is fixed where we denote by

ϱ_n: the number of subscripts $r = 1, 2, \ldots, n$, for which $N_{r+1} = N_r = r$ holds.

Z_n: the number of variables among $V_1, V_2, \ldots, V_n$ taking the value zero.

2. A lattice path representation

Set

$$N_r = V_1 + \ldots + V_r \quad \text{for } r = 1, \ldots, n \quad \text{and} \quad N_0 = 0\,.$$

Then

$$\mathsf{P}\{N_n = j\} = \binom{n+j-1}{n-1} p^n q^j \quad \text{for} \quad j = 0, 1, \ldots\,. \tag{2}$$

Let us represent the sequence $V_1, \ldots, V_n$ of non-negative integers by a minimal lattice path in the following manner: (i) the path starts from the origin; (ii) for every j, V_j represents one horizontal unit followed by V_j vertical units and the section of the path contributed by V_j starts, where the section of the path contributed by V_{j-1} ended (see Fig. 1.1). We call such a path, from (0, 0) to (n, N_n), a *minimal lattice path with vertices* (r, N_r), $r = 1, 2, \ldots, n$.

We observe from (1) and (2) that the sequence $V_1, V_2, \ldots, V_n$ of geometric random variables possesses the property that all possible lattice paths $(N_1, \ldots, N_n)$ from (0, 0) to (n, N_n) are equally likely each with probability $1 \Big/ \binom{n + N_n - 1}{n - 1}$.

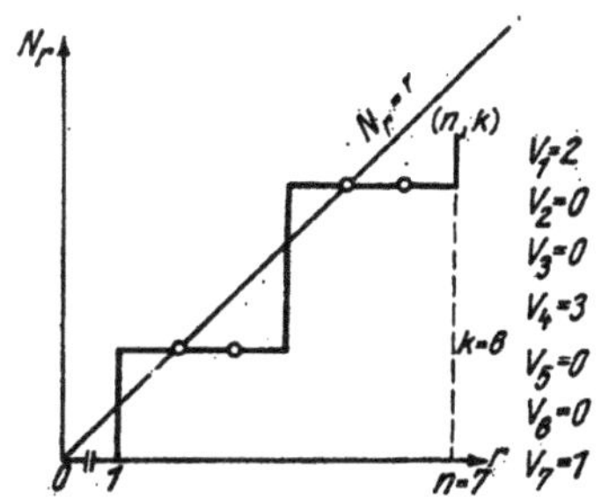

Fig. 1.1

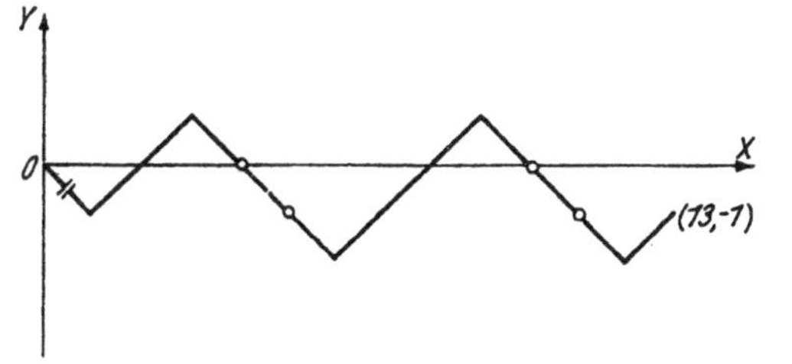

Fig. 1.2

On rotating the lattice path (Fig. 1.1) from (0, 0) to (n, N_n), obtained by the above construction, through 45° about its left end (0, 0) and referring the line $N_r = r$ as X-axis we see that it is equivalent to a symmetric random walk path [1, 3], as defined below, from (0, 0) to $(n + N_n, N_n - n)$ with $S_1 = -1$ (see Fig. 1.1 and 1.2). This procedure of rotation will henceforth be referred to as the *rotation procedure.*

3. Notations

Let $\theta_1, \theta_2, \dots, \theta_n$ be independent random variables with $\mathsf{P}(\theta_i = +1) = \mathsf{P}(\theta_i = -1) = \frac{1}{2}$, i.e. the sequence θ_i generates a symmetric random walk. This can be represented in an (i, S)-coordinate-system by a path with points (i, S_i), $i = 0, 1, \dots, n$, with $S_0 = 0$, $S_i = \theta_1 + \dots + \theta_i$, where the consecutive points are connected by straight lines.

Further, in the following a path as defined above will be said to have *R runs*, if the total number of changes from positive direction to negative direction and vice versa is $R - 1$. We will use in the sequel the notion of *composed path* (introduced by SUJAN [4, 5]), which is different from the ordinary path as defined above. The composed path is made up of runs, where two consecutive runs are not necessarily of different kind.

For convenience of presentation we introduce the following symbols:

$E_{m,n}$ — a path from (0, 0) to (m, n);

T-point — a point (i, S_i) of the path $E_{m,n}$ for which $S_i = 0$, $S_{i-1} S_{i+1} = -1$ holds. This will be called the *intersection* or *crossing point* in the X-axis;

$F^l_{m,n}$ — an $E_{m,n}$ path with exactly l T-points;

$F^{R,l}_{m,n}$ — an $F^l_{m,n}$ path with exactly R runs;

$F^{R+,l}_{m,n}$ $(F^{R-,l}_{m,n})$ an $F^{R,l}_{m,n}$ path starting with a positive (negative) step;

$F^{2r+,\cdot,j}_{m,n}$ — a composed path from (0, 0) to (m, n) starting with a positive step, having r positive runs and $(j + r)$ negative runs, where the last $(j + 1)$ runs are negative and the remainder of the runs alternate;

$F^{2r+,l,j}_{m,n}$ — an $F^{2r+,\cdot,j}_{m,n}$ path having l T-points;

$E^R_{m,n}$ — an $E_{m,n}$ path with R runs;

$E^{R+}_{m,n}$ $(E^{R-}_{m,n})$ an $E^R_{m,n}$ path starting with a positive (negative) step;

$E^{R+,t}_{m,n}$ $(E^{R-,t}_{m,n})$ an $E^{R+}_{m,n}$ $(E^{R-}_{m,n})$ path crossing the line $y = t$ at least once $(t > 0)$;

$N[A]$ — The number of all A paths, e.g.

$$N[E_{m,n}] = \binom{m}{\frac{m+n}{2}}.$$

Joint Distributions of $\{\varrho_n, Z_n\}$ and $\left\{\max\limits_{1\le r\le n} (N_r - r), Z_n\right\}$

Some of the results derived by SUJAN [4, 5] needed in the sequel are quoted below:

Lemma 1: *The number of composed paths $F^{2r+,0,p}_{m,n}$ is given by*

$$N[F^{2r+,0,p}_{m,n}] = \begin{cases} \binom{\frac{1}{2}(m+n)-1}{r-1}\binom{\frac{1}{2}(m-n)-1}{r+p-1} - \binom{\frac{1}{2}(m+n)-1}{r-2}\binom{\frac{1}{2}(m-n)-1}{r+p} & \text{for } n > 0, \\ \binom{\frac{1}{2}m}{r-1}\binom{\frac{1}{2}m}{r+p}\frac{2(p+1)}{m} & \text{for } n = 0. \end{cases} \tag{3}$$

Lemma 2:

$$N[E^{(2r+1)-,t}_{m,n}] = \binom{\frac{1}{2}(m-n)+t-1}{r-1}\binom{\frac{1}{2}(m+n)-t-1}{r}, \quad n < t < \tfrac{1}{2}(m+n). \tag{4}$$

Lemma 3:

$$N[E^{2r-,t}_{m,n}] = \binom{\frac{1}{2}(m-n)+t-1}{r-2}\binom{\frac{1}{2}(m+n)-t-1}{r}, \quad n \leqq t < \tfrac{1}{2}(m+n). \tag{5}$$

Theorem 1: *For* $j \leqq m < n - j$

$$\binom{n+k-1}{n-1}\mathsf{P}\{\varrho_n = j, Z_n = m \mid N_n = k\} =$$

$$\begin{cases} \binom{n}{n-m-j}\binom{k}{n-m+j-1} - \binom{n}{n-m-j-1}\binom{k-1}{n-m-j}, & \text{for } k < n, \\ \binom{n}{n-m+j}\binom{k-1}{n-m-j-1} - \binom{n}{n-m+j+1}\binom{k-1}{n-m-j-2}, & \text{for } k \geqq n, \end{cases} \tag{6}$$

provided the left hand side is defined.

Proof: We write

$$N[\varrho_n = j, Z_n = m \mid N_n = k] = N[\varrho_n = j, Z_n = m, V_n > 0 / N_n = k] + N[\varrho_n = j, Z_n = m, V_n = 0 / N_n = k]\,. \tag{7}$$

We first prove (6) for $k < n$. The first factor on the right hand side of (7), for $k < n$, involves the enumeration of lattice paths $(N_1, \dots, N_n)$ from (0, 0) to (n, k) having exactly j horizontal crossings of the line $N_r = r$ and $(2n - 2m - 1)$ changes from horizontal direction to vertical direction and vice versa (Fig. 2.1).

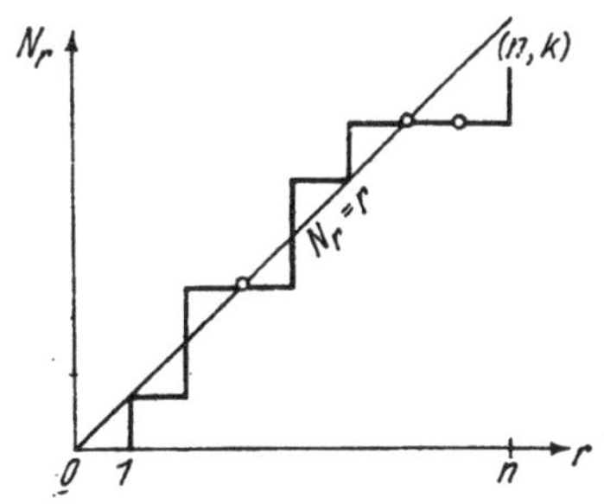

Fig. 2.1

As before, applying the rotation procedure, we observe that (see Fig. 2.2)

$$N[\varrho_n = j, Z_n = m, V_n > 0 \mid N_n = k] = N[F^{(2n-2m)-,2j}_{n+k,\,-(n-k)}]\,.$$

On applying *procedure* 2 of SUJAN [5] we establish below a one-to-one correspondence between the $F^{(2n-2m)-,2j}_{n+k,\,-(n-k)}$ paths and the $F^{2(n-m-j)+,0,2j}_{n+k,\,n-k}$ paths.

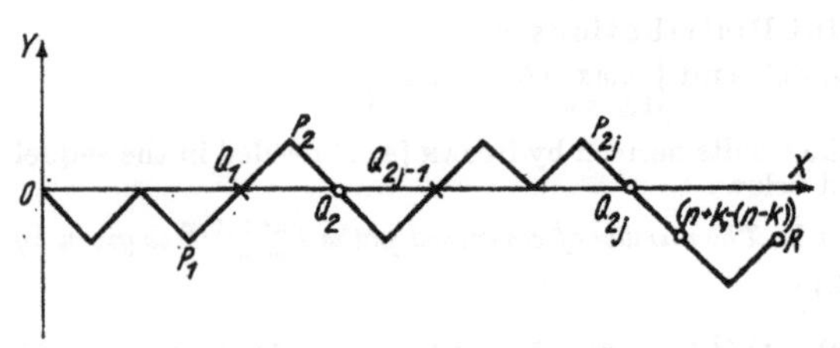

Fig. 2.2

Let $OP_1Q_1P_2Q_2 \ldots P_{2j}Q_{2j}R$ denote the $F^{(2n-2m)-,2j}_{n+k,-(n-k)}$ path, where $Q_1, Q_2, \ldots, Q_{2j}$ are the points of intersection of the path with the X-axis and $P_1, P_2, \ldots, P_{2j}$ are the last *turning points* of the path before intersecting the X-axis at $Q_1, Q_2, \ldots, Q_{2j}$, where a *turning point* is a point, where the path changes its direction from positive to negative or vice versa (see Fig. 2.2).

Now, make the following transformation to this path. Attach in order the segments $OP_1, Q_1P_2, Q_2P_3, \ldots, Q_{2j}R$ with the signs of the θ's changed for all such segments lying below the X-axis. Then attach to this path in order the remaining segments $P_{2j}Q_{2j}, P_{2j-1}Q_{2j-1}, \ldots, P_1Q_1$ again such that the direction of all those segments lying below the X-axis is changed. One part of the transformed path between the origin and its last turning point is considered to be an ordinary path. In the remaining part the run end points are kept as they are, moreover, each section attached forms a separate run. The resulting is an $F^{2(n-m-j)+,0,2j}_{n+k,n-k}$ path (see Fig. 2.3).

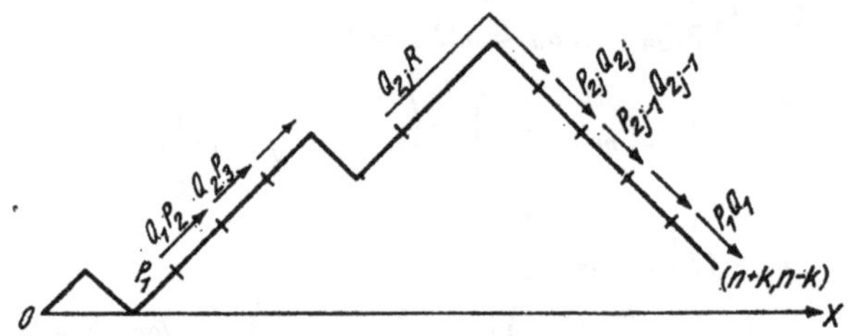

Fig. 2.3

Now consider the last $2j$ negative runs of this composed path. Draw parallel lines through their end points intersecting the path. By diminishing the ordinates of these points of intersection by $(n-k)$, the points $P_1, P_2, \ldots, P_{2j}$ of the original path can be traced back. Then the reversing of the procedure gives back the complete original path. Hence the transformation is one-to-one.

Thus by Lemma 1,

$$N[\varrho_n = j, Z_n = m, V_n > 0 \mid N_n = k) = N[F^{2(n-m-j)+,0,2j}_{n+k,n-k}] = \binom{n-1}{n-m-j-1}\binom{k-1}{n-m+j-1} - \binom{n-1}{n-m-j-2}\binom{k-1}{n-m+j}. \tag{8}$$

Similarly the second factor on the right hand side of (7) by the rotation procedure becomes

$$N[F^{(2n-2m+1)-,2j}_{n+k,-(n-k)}] = N[F^{2(n-m-j+1)+,0,2j-1}_{n+k,n-k}] = \quad \text{(by procedure 2)}$$

$$\binom{n-1}{n-m-j}\binom{k-1}{n-m+j-1} - \binom{n-1}{n-m-j-1}\binom{k-1}{n-m+j} \text{ (by Lemma 1).} \tag{9}$$

For $k < n$, the theorem follows by adding (8) and (9).

For $k \geqq n$, we have

$$N[\varrho_n = j, Z_n = m, V_n > 0 \mid N_n = k] = N[F^{(2n-2m)-,2j+1}_{n+k,k-n}] = N[F^{2(n-m-j)+,0,2j}_{n+k,k-n}] \tag{10}$$

and

$$N[\varrho_n = j, Z_n = m, V_n = 0 \mid N_n = k] = N[F^{(2n-2m+1)-,2j+1}_{n+k,k-n}] = N[F^{2(n-m-j)+,0,2j+1}_{n+k,k-n}] \tag{11}$$

By Lemma 1, (10) and (11) lead to (6) for $k \geqq n$.

Theorem 2: *For* $\max(0, k-n) < t < k$

$$\binom{n+k-1}{k} \mathsf{P}\left[\max_{1 \leqq r \leqq n} (N_r - r) \leqq t, Z_n = m \mid N_n = k\right] = \begin{cases} \binom{k-1}{n-m-1}\binom{n}{n-m} - \binom{k-t-1}{n-m}\binom{n+t}{n-m-1} & \text{for } 0 < k < n+t, \\ \binom{n+t-1}{n-m-1}\binom{n-1}{n-m-1} - \binom{n+t-1}{n-m-2}\binom{n-1}{n-m} & \text{for } k = n+t, \end{cases} \tag{12}$$

provided the left hand side is defined.

Proof:

$$N\left[\max_{1 \leqq r \leqq n} (N_r - r) \leqq t, Z_n = m \mid N_n = k\right] = N\left[\max_{1 \leqq r \leqq n} (N_r - r) \leqq t, Z_n = m, V_n > 0 \mid N_n = k\right] + N\left[\max_{1 \leqq r \leqq n} (N_r - r) \leqq t, Z_n = m, V_n = 0 \mid N_n = k\right]. \tag{13}$$

For $0 < k < n+t$, the first (second) factor on the right hand side of (13) involves the enumeration of lattice paths $(N_1, \ldots, N_n)$ from $(0, 0)$ to (n, k) not crossing the line $N_r = r + t$ and having exactly $2n - 2m - 1(2n - 2m)$ changes from horizontal direction to vertical direction and vice versa (see Fig. 3.1).

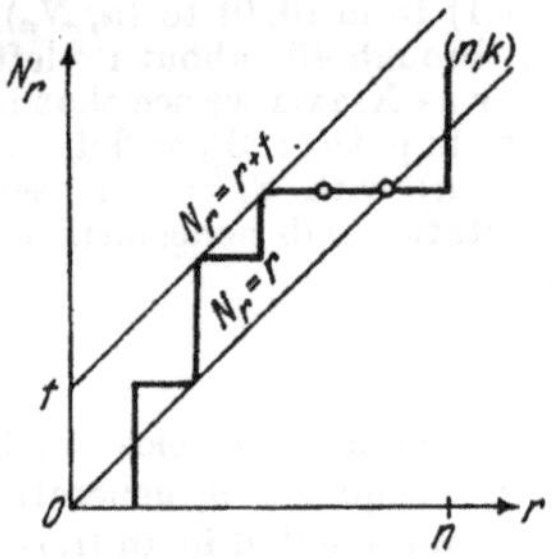

Fig. 3.1

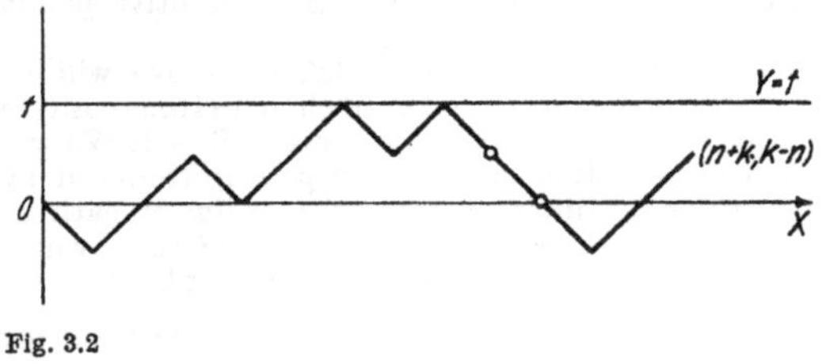

Fig. 3.2

Then by rotation procedure (see Fig. 3.2), the right hand side of (13) becomes

$$N[E^{(2n-2m)-}_{n+k,k-n} \text{ paths not crossing } Y = t] + N[E^{(2n-2m+1)-}_{n+k,k-n} \text{ paths not crossing } Y = t] =$$

$$\binom{k-1}{n-m-1}\binom{n-1}{n-m-1} - N[E^{(2n-2m)-,t}_{n+k,k-n}] + \binom{k-1}{n-m-1}\binom{n-1}{n-m} - N[E^{(2n-2m+1)-,t}_{n+k,k-n}],$$

leading to (12) for $0 < k < n + t$ by Lemmas 2 and 3.

Now $k = n + t \Rightarrow V_n > 0$. Hence

$$N\left[\max_{1 \leqq r \leqq n} (N_r - r) \leqq t, Z_n = m \mid N_n = n + t\right] = N\left[\max_{1 \leqq r \leqq n} (N_r - r) \leqq t, Z_n = m, V_n > 0 \mid N_n = n + t\right] =$$

$$N[E^{(2n-2m)-}_{2n+t,t} \text{ paths not crossing the line } Y = t] = \binom{n+t-1}{n-m-1}\binom{n-1}{n-m-1} - N[E^{(2n-2m)-,t}_{2n+t,t}],$$

leading to (12) for $k = n + t$ by Lemma 3.

Acknowledgement

I am grateful to Dr. Kanwar Sen, University of Delhi for supervising and initiating me into this piece of work.

References

1 CSÁKI, E.; VINCZE, I., On some problems connected with the GALTON-test, Publ. Math. Inst. Hungar. Acad. Sci. 6, 97–109 (1961).
2 JAGDISH SARAN; KANWAR SEN, On the fluctuations of partial sums, Communicated for publication to Revue Math. pures appl. (Roumania).
3 KANWAR SEN, On some combinatorial relations concerning the symmetric random walk, Publ. Math. Inst. Hungar. Acad. Sci. 9, 335–357 (1964).
4 SUJAN VELLORE, Joint distributions of KOLMOGOROV-SMIRNOV statistics and runs, Studia Sci. Math. Hungar. 7, 155–165 (1972).
5 SUJAN SRIVASTAVA, Joint distributions based on runs and on the number of intersections, Studia Sci. Math. Hungar. 8, 211–224 (1973).
6 TAKÁCS, L., Combinatorial Methods in the Theory of Stochastic Processes, John Wiley, New York 1967.
7 TAKÁCS, L., Combinatorial methods in the theory of Order statistics, Proc. first Internat. Sympos. Non-Parametric Techniques in Statistical Inference, held at Indiana University, June 1969 (1970).

Eingereicht am 16. 9. 1975

Anschrift: JAGDISH SARAN, c/o Dr. M. L. AGGARWAL, A-73 Kamlanagar, Delhi-110007, India

ZAMM 57, 613–615 (1977)

M. HIEKE

Die erzwungene Rekristallisation

Im folgenden wird ein in zahlreichen Wiederholungen bewährtes *Experiment* [1] zur Züchtung weniger großer Einkristalle in einer metallischen Probe beschrieben.

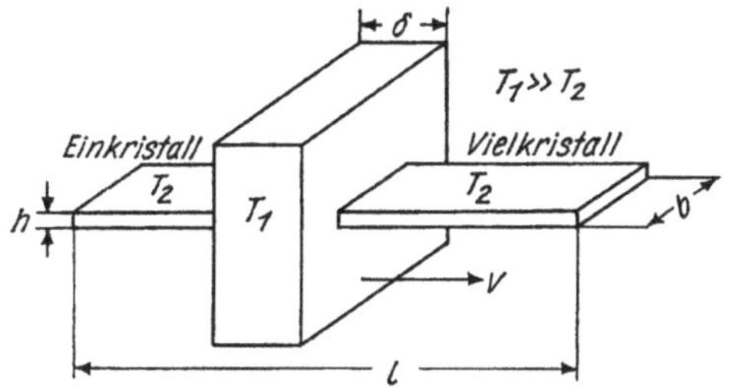

Fig. 1

Bei dem Versuch ist gemäß Fig. 1 die Gestalt der Probe als rechteckig berandete Scheibe von geringer Dicke h ausgebildet. Die dünne Scheibe wird über ein Teilstück auf die Temperatur T_1 des Ofens gebracht, während die übrigen Teile die Temperatur T_2 haben. Dabei ist für die Temperaturwerte die Bedingung $T_2 < T_1$ einzuhalten. Die Temperaturverteilung in der Scheibe ist durch die Bewegung eines Ofens bestimmt, welche in Richtung der längeren Rechteckseite erfolgt. Dabei gleitet die Probe mit einer Geschwindigkeit v durch den Ofen von der Temperatur T_1, dessen Tiefe mit δ bezeichnet ist. Wegen der geringen Scheibendicke h ist die Temperaturverteilung nur in Richtung der längeren Rechteckseite von der inneren Wärmeleitfähigkeit des Probenmaterials abhängig, in den beiden anderen Richtungen nach Breite b und Dicke h der Scheibe von den Koordinaten unabhängig und von der *äußeren Wärmeleitfähigkeit* [2] bestimmt. Wegen des Temperaturunterschiedes längs der großen Rechteckseite, in deren Richtung die x-Achse des Koordinatensystems gelegt ist, tritt in dieser Richtung innere Wärmeleitung in der Scheibe auf. Diese wird vernachlässigt, statt dessen wird der herrschenden Außentemperatur wegen die Temperaturverteilung im Scheibeninneren stückweise konstant angenommen. Diese Annahme wird durch die geringe Geschwindigkeit v gestützt, welche die Bewegung der Scheibe in dieser Richtung besitzt. Die *Temperaturverteilung in Richtung der großen Rechteckseite* kann dann folgendermaßen festgesetzt werden

$$T(x) = \begin{cases} T_2, & \text{für} \quad 0 < x < vt - \delta\,, \\ T_1, & \text{für} \quad vt - \delta < x < vt\,, \\ T_2, & \text{für} \quad vt < x < l\,; \end{cases}$$

darin bezeichnen v die Transportgeschwindigkeit der Scheibe, δ die Tiefe des Ofens und l die Länge des Rechtecks. Anhand der gegebenen Temperaturverteilung kann das *thermoelastische Potential Ψ für die Scheibe* [3] durch die inhomogene Differentialgleichung

$$\Delta\Psi - \frac{m-1}{2m}\,\frac{\varrho}{G}\,\frac{\partial^2\Psi}{\partial t^2} = \frac{m+1}{m}\,\Delta\alpha T$$

definiert werden. Darin bezeichnen ϱ die mittlere Dichte, G den Gleitmodul, m das Querkontraktionsverhältnis und α den Wärmeausdehnungskoeffizienten des Materials. Für die Verschiebungen kommt es allein auf bestehende *Temperaturunterschiede* an. Diese sind die folgenden

$$\Delta T(x) = \begin{cases} 0, & \text{für} \quad 0 < x < vt - \delta\,, \\ T_1 - T_2, & \text{für} \quad vt - \delta < x < vt\,, \\ 0, & \text{für} \quad vt < x < l\,. \end{cases}$$

Mit der Lösung Ψ des Randwertproblems für das thermoelastische Verschiebungspotential Ψ erhält man die Ausdrücke für die *Verschiebungen und Spannungen* [3] durch Bildung der Ableitungen

$$u = \frac{\partial\Psi}{\partial x}, \qquad v = \frac{\partial\Psi}{\partial y},$$

$$\sigma_{xx} = \varrho\,\frac{\partial^2\Psi}{\partial t^2} - 2G\,\frac{\partial^2\Psi}{\partial y^2}, \qquad \sigma_{yy} = \varrho\,\frac{\partial^2\Psi}{\partial t^2} - 2G\,\frac{\partial^2\Psi}{\partial x^2},$$

$$\sigma_{xy} = 2G\,\frac{\partial^2\Psi}{\partial x\,\partial y}\,.$$

Die Funktion Ψ ist zu erhalten als die Lösung der Randwertaufgabe der inhomogenen partiellen Differentialgleichung für das thermoelastische Potential am Rechteck. Die Ränder der rechteckigen Scheibe, $x = 0$, $x = l$, $y = \pm\,b/2$; müssen spannungsfrei bleiben. Die Breite des Rechtecks ist mit dem Buchstaben b bezeichnet. *Die bei der Lösung des Randwertproblems am Rechteck auftretenden mathematischen Schwierigkeiten konnten nicht überwunden werden, so daß es mit einer Approximation der Lösung sein Bewenden haben muß.* Die Näherung kommt der gesuchten Lösung um so näher, je breiter die Scheibe gehalten ist. Die gewählte Näherungslösung ist mit den Randbedingungen des Verschwindens der gesuchten Funktion Ψ auf den zwei Rechteckseiten $x = 0$, $x = l$ gewonnen. Die Forderung des Verschwindens der Funktion Ψ auf den beiden längeren Rechteckseiten $y = \pm\,b/2$ erfüllt die Approximation nicht. Nimmt man zu den *Randbedingungen*

$$\Psi_{(x,t)}|_{x=0} = \Psi_{(x,t)}|_{x=l} = 0$$

noch die beiden *Anfangsbedingungen*

$$\Psi_{(x,t)}\Big|_{t=0} = \frac{\partial\Psi_{(x,t)}}{\partial t}\Big|_{t=0} = 0$$

hinzu, so erhält man die *Näherung*

$$\Psi = \Psi_0 + \Psi_1\,, \quad \text{für} \quad \frac{\delta}{v} < t < \frac{l}{v}\,;$$

Die Buchstaben bezeichnen die Funktionen

$$\Psi_0 = -c^2\,\frac{m+1}{m(c^2 - v^2)}\,\Delta\alpha T \begin{cases} \dfrac{x}{l}\left[(l - vt)\,\delta + \dfrac{\delta^2}{2}\right], \\ \qquad\qquad \text{für} \quad 0 < x < vt - \delta\,, \\ \dfrac{x}{l}\left[(l - vt)\,\delta + \dfrac{\delta^2}{2}\right] - \dfrac{(x - vt + \delta)^2}{2}, \\ \qquad\qquad \text{für} \quad vt - \delta < x < vt\,, \\ \dfrac{x}{l}\left[(l - vt)\,\delta + \dfrac{\delta^2}{2}\right] - \left[(x - vt)\,\delta + \dfrac{\delta^2}{2}\right], \\ \qquad\qquad \text{für} \quad vt < x < l\,; \end{cases}$$

und

$$\Psi_1 = \frac{2v^2l^2(m+1)}{m(c^2 - v^2)\,\pi^3}\,\Delta\alpha T \sum_{\varkappa} \frac{1}{\varkappa^3}\sin\left(\frac{\varkappa\pi}{l}\,x\right)\left\{\cos\frac{\varkappa\pi c}{vl}(\delta - vt) - \cos\frac{\varkappa\pi c}{l}\,t\right\}$$

mit der Abkürzung

$$c = \sqrt{\frac{2mG}{\varrho(m-1)}}$$

für die Schallausbreitungsgeschwindigkeit in einer dünnen Scheibe.

Die Funktion Ψ_1 beschreibt die freien Schwingungen in einer rechteckigen dünnen Scheibe endlicher Länge l aber großer

Breite b. Versuche mit sehr breiten Scheiben sind praktisch undurchführbar, so daß zur Beschreibung experimenteller Ergebnisse die obigen Funktionen lediglich als Näherung der Lösung gelten dürfen. Die Verschiebungen und Spannungen können mit dem gleichen Näherungsgrad nach den obigen Vorschriften [3] aus der Näherungslösung abgeleitet werden.

Man könnte nun die Genauigkeit der Näherung dadurch zu verbessern suchen, daß man mit zweidimensionalen FOURIER-Entwicklungen rechnet. Man findet aber, daß die Randbedingungen verschwindender Spannungen

σ_{xx} und σ_{xy}

auf den Rechteckseiten, $x = 0$ und $x = l$, sowie verschwindender Randspannungen

σ_{yy} und σ_{yx}

auf den Rechteckseiten $y = \pm b/2$ auch mit dem Ansatz von Doppelreihen nicht befriedigt werden können. Zudem nötigt die Verwendung von Doppelreihen dazu, auch das partikuläre Integral der inhomogenen Differentialgleichung in eine zweidimensionale FOURIER-Reihe zu entwickeln. Der erforderliche Mehraufwand steht in keinem rechten Verhältnis zum Nutzen, denn die Zweckmäßigkeit der Approximation mit dem eindimensionalen Reihenansatz ist darin begründet, daß die Orientierung des Ausgangskristalls gleich der Orientierung des erwünschten Einkristalls gewählt wird und überdies die Achse der übrigen Probe zu Beginn des Versuchs in diese Richtung gelegt wird. Ergänzend sei hinzugefügt, daß in einer früher erstellten hallischen Dissertation [4] für eine spezielle zeitlich veränderliche Dichtefunktion die Randwertaufgabe am Kreis gelöst wurde. Die Lösung wurde mit Doppelreihen gewonnen, die nach den Eigenfunktionen des Problems fortschreiten. Das Ergebnis, welches seines Umfanges wegen nicht hier abgedruckt wird, gibt Hinweise und Ergänzungen, die das hier gebrauchte Näherungsverfahren rechtfertigen.

Indessen sind die Rechnungen mit Vernachlässigungen physikalischer Sachverhalte durchgeführt, auf welche hier einzugehen ist. Bei der Berechnung des thermoelastischen Potentials Ψ der dünnen Scheibe ist die Schallausbreitungsgeschwindigkeit c aus Mittelwerten der elastischen Eigenschaften G und m und der Dichte ϱ des Materials berechnet nach der Formel

$$c = \sqrt{\frac{2mG}{\varrho(m-1)}}\,.$$

Das Material hat aber in dem Teilstück der Scheibe, $0 < x < vt$, welches den Ofen mit der Temperatur T_1 erreicht oder bereits verlassen hat, ein anderes Gefüge als in dem noch vor dem Ofen befindlichen Teilstück, $vt < x < l$. Mit der Wanderung des Ofens, der die Rekristallisationstemperatur T_1 hat, wachsen im Inneren der Scheibe wenige große Kristalle, deren Gitter beinahe ideal ist, während die vielen kleineren Kristallite im vor dem Ofen befindlichen Teil der Scheibe, $vt < x < l$, gestörte Gitter haben. Im feinkörnigen Gefüge wirken aus der Umgebung der Korngrenzen Eigenspannungen auf die Kristallgitter ein, welche den gegenseitigen Teilchenabstand ändern und Dichteänderungen in den Kristalliten [5] erzeugen. Die Dichteänderungen erzeugen im Gitter der Kristallite Übergitter. Dem einzelnen Kristallitgitter überlagert sich ein Übergitter, dem ein Eigenspannungsfeld angehört, und umgekehrt gehört zum Spannungstensor in einem Kristallit ein Übergitter, für welches hier eine eindimensionale Struktur mit der Gitterkonstante d angesetzt ist.

Die Dichte und Schallgeschwindigkeit innerhalb der kleinen Kristallite ändern sich mit der Periode des Abstandes d des Übergitters. Für das reziproke Quadrat $1/c_l^2$ der Schallgeschwindigkeit c_l im Inneren eines Kristallites erhält man [5] die FOURIER-Entwicklung

$$\frac{1}{c_l^2} = \frac{1}{c^2} + \varepsilon \sum_{\varkappa} C_{\varkappa} \cos\left(\frac{\varkappa 2\pi}{d}\, x\right)$$

mit der Periode d des Abstands im Übergitter. Die Differentialgleichung für das thermoelastische Potential Ψ der Scheibe ist durch den räumlichen Mittelwert der periodischen Reihenentwicklung für das reziproke Quadrat der Schallausbreitungsgeschwindigkeit definiert, obgleich die Probe aus einem Material besteht, das in drei zu unterscheidenden Modifikationen vorliegt. Die Vernachlässigung dieses Sachverhaltes scheint wegen der Vielzahl der Kristallite im Kristallhaufwerk im Teilstück $vt < x < l$, gerechtfertigt; da es um die Berechnung der Eigenfunktionen der Scheibe geht.

Außerdem wird das mittlere reziproke Quadrat der Schallausbreitungsgeschwindigkeit in der Scheibe mit dem reziproken Quadrat der Schallgeschwindigkeit im Einkristall identifiziert und im konstanten Glied in der FOURIER-Entwicklung des reziproken Quadrates der Schallgeschwindigkeit gleichgesetzt

$$\frac{\overline{1}}{c_l^2} = \frac{1}{c^2}\,.$$

Die den Kristalliten aufgeprägte Dichtestruktur wird von einem periodischen Eigenspannungsfeld begleitet, dem die gleiche Periode zugeordnet ist. Die Dichtestruktur verändert die Schallausbreitungsgeschwindigkeit in den Kristalliten in Abhängigkeit von der Frequenz der einlaufenden Wellen.

Die Ausdrücke für die Verschiebungen werden durch die Ableitungen des thermoelastischen Potentials Ψ erhalten nach der Definition [3]

$$u = \frac{\partial \Psi}{\partial x}\,.$$

Jede im Ausdruck für die Verschiebung u auftretende Teilwelle, die nicht dem verbotenen Band im Übergitter angehört, wird beim Erreichen der Oberfläche eines Kristallites eine hindurchgehende Welle erregen. Für die durchgelassene Welle im Kristallit gilt eine HILLsche Differentialgleichung [5] der Gestalt

$$\frac{d^2u}{dx^2} + \omega^2 \left\{\frac{1}{c^2} + \varepsilon \sum_{\varkappa} C_{\varkappa} \cos\left(\frac{\varkappa 2\pi}{d}\, x\right)\right\} u = 0\,.$$

Sofern die Frequenz ω der Teilwelle mit den Gitterkonstanten des Übergitters in der Beziehung

$$\frac{\omega^2}{c^2} = \frac{\pi^2}{d^2}$$

steht, kommt es im Kristalliten zur BRAGG*schen Resonanz*. Im Resonanzfall existiert neben dem periodischen Integral der eindimensionalen HILLschen Gleichung ein anderes nichtperiodisches Integral [5]. Bezeichnet

$$u_1 = f\left(\frac{2\pi}{d}\, x\right)$$

das periodische Integral, so lautet der Ausdruck für das *nichtperiodische Integral*

$$u_2 = x f\left(\frac{2\pi}{d}\, x\right) + \varphi\left(\frac{2\pi}{d}\, x\right).$$

Die im nichtperiodischen Integral additiv hinzutretende Funktion $\varphi\left(\frac{2\pi}{d}\, x\right)$ hat dieselbe Periode wie das periodische Integral $f\left(\frac{2\pi}{d}\, x\right)$. Infolge des periodischen Eigenspannungsfeldes der Dichtefunktion kann es zum Auftreten nichtperiodischer Wellen kommen beim Vorliegen der BRAGGschen Resonanz.

Mit dem Aufbringen des Temperaturgradienten im Innern der Scheibe geben die Dehnungen in der Umgebung des beginnenden Temperaturanstiegs, $x = vt$, Beträge, die den zur Ausführung bleibender Gleitschritte erforderlichen Platz bereithalten. Die im Laufe der Fortpflanzung zunehmenden Amplituden der nichtperiodischen Wellen führen zu bleibenden Gitterveränderungen in den Kristalliten.

Die an den Diskontinuitätsstellen, $x = vt$ der Temperaturverteilung bestehenden Spannungen vereinigen die verformten Kristallite mit den im Gebiet höherer Temperatur entstehenden Einkristallen. Die zur analytischen Untersuchung der Rekristallisation durchgeführte Rechnung liefert gleichzeitig die Integration des Problems der schwingenden Saite unter bewegter Last. Die inhomogene Schwingungsgleichung der Saite hat die *Störfunktion*

$$f = \frac{1}{\sigma c^2} \begin{cases} 0, & \text{für} \quad 0 < x < vt - \delta\,, \\ P, & \text{für} \quad vt - \delta < x < vt\,, \\ 0, & \text{für} \quad vt < x < l\,, \end{cases}$$

worin σ die mittlere Dichte pro Längeneinheit und c die Schallgeschwindigkeit der Saite bezeichnen. Der Faktor

$$\frac{c^2(m+1)\,\Delta\alpha T}{m(c^2 - v^2)}$$

der errechneten Ergebnisse ist für die Saitenschwingung durch den Quotienten

$$\frac{P}{\sigma(c^2 - v^2)}$$

zu ersetzen. Man hat damit ein mechanisches Modell der Rekristallisation. Die Dichtestruktur der Saite muß zum praktischen Nachweis der nichtperiodischen Integrale Selbstspannungen hervorbringen.

Die Ergebnisse erhalten dadurch über den Spezialfall hinausgehende Bedeutung für die Dynamik leichter Verbundkonstruktionen gleicher Bauelemente, bei deren Verbindung Montagespannungen nicht vermieden wurden.

Literatur

1 GILMAN, J. J., The Art and Science of Growing Crystals, S. 453, John Wiley and Sons, Inc. New York-London 1963.
2 PLANCK, M., Einführung in die theoretische Physik, Bd. V S. 141, S. Hirzel, Leipzig 1930.
3 PARKUS, H., Instationäre Wärmespannungen, S. 11, Springer Wien 1959.
4 HIEKE, H., Untersuchungen zur Rekristallisation, Hallische Dissertation 1973.
5 HIEKE, M., Nachweis von Gitterstörungen ..., ZAMM im Druck.

Eingereicht am 6. 5. 1976, revidierte Fassung am 24. 6. 1976

Anschrift: Prof. Dr. habil. MAX HIEKE, Martin-Luther-Universität Halle-Wittenberg, Sektion Physik, Friedemann-Bach-Platz 6, DDR-402 Halle/Saale

ZAMM 57, 615 – 616 (1977)

M. M. TANG / R. C. BATRA

Asymptotic Stability of an Equilibrium Solution of a Hyperbolic Heat Equation

Introduction

In recent years there has been considerable interest [1–6] in proposing a theory of heat conduction which allows for the propagation of weak thermal disturbances i.e. discontinuities in second order derivatives of temperature with finite speed. Of the various theories proposed, some [4–6] can be derived from the equation expressing the balance of internal energy using modern continuum thermodynamics arguments. In [4] BOGY and NAGHDI study rate dependent heat conductors and show that, under certain conditions, weak thermal disturbances can travel with finite speed. However, in the theory linearized about a uniform temperature distribution thermal waves either do not propagate or else they propagate with infinite speed. If these rate dependent materials are studied according to an entropy inequality proposed by MÜLLER [5] or that by GREEN and LAWS [6] then one obtains in the theory linearized about a uniform temperature distribution the equation

$$b\ddot{\sigma} + c\dot{\sigma} = \operatorname{div}(\boldsymbol{K} \operatorname{grad} \sigma) .$$

In this equation σ denotes the temperature, a superimposed dot indicates material time differentiation, c is the specific heat, K is the thermal conductivity tensor and b is a material constant. We assume that the body is homogeneous and therefore take b, c and K to be constants throughout the body. The entropy inequality implies that

$$c \geqq 0 , \qquad \xi \cdot \boldsymbol{K}\xi \geqq 0 \; \forall \xi ,$$

and allows for the possibility that b be positive. When $c > 0$, $b > 0$ and $\boldsymbol{K}$ is positive definite, the above equation is a hyperbolic equation and therefore allows for the propagation of thermal waves with finite speed.

For the heat conductor governed by the classical parabolic linear equation [7, 8] and a nonlinear parabolic equation [9], BATRA proved that the temperature field in the body approaches in L^2-norm the uniform temperature field under rather general boundary conditions. The motivation for studying the problem in [7] and for the present problem is the desire to show that for dissipative loading devices*) constitutive quantities do not depend upon the initial state of the loading device provided that the entire past history of its boundary conditions is known. For this purpose, as explained in [7], it is sufficient to prove the following

Theorem: *The equation*

$$b\ddot{\sigma}(\boldsymbol{x}, t) + c\dot{\sigma}(\boldsymbol{x}, t) = (K_{ij}\sigma_{,j}(\boldsymbol{x}, t))_{,i} \qquad (\boldsymbol{x}, t) \in R \times (0, t) , \tag{1}$$

in which

$$b > 0 , \qquad c > 0 , \qquad K_{ij}\xi_i\xi_j > 0 , \qquad \forall \xi \neq \boldsymbol{0} , \tag{2}$$

under the boundary conditions

$$\begin{aligned} &\sigma(\boldsymbol{x}, t) = 0 , \qquad (\boldsymbol{x}, t) \in \partial_1 R \times (0, t) , \\ &\frac{\partial \sigma}{\partial \nu}(\boldsymbol{x}, t) = 0 , \qquad (\boldsymbol{x}, t) \in \partial_2 R \times (0, t) , \end{aligned} \tag{3}$$

and the initial conditions

$$\begin{aligned} &\sigma(\boldsymbol{x}, 0) = \sigma_0(\boldsymbol{x}) , \qquad \boldsymbol{x} \in R , \\ &\dot{\sigma}(\boldsymbol{x}, 0) = \dot{\sigma}_0(\boldsymbol{x}) , \qquad \boldsymbol{x} \in R , \end{aligned} \tag{4}$$

has a weak solution which exhibits the behavior

$$\int \sigma^2(\boldsymbol{x}, t) \, \mathrm{d}V \leqq O(\mathrm{e}^{-\gamma t}) , \qquad \gamma > 0 \quad \text{as} \quad t \to \infty , \tag{5}$$

provided that $\sigma_0 \in L^2(R)$, $\dot{\sigma}_0 \in L^2(R)$ *and when* $\partial_1 R = \Phi$, *the initial conditions also satisfy*

$$\int \sigma_0(\boldsymbol{x}) \, \mathrm{d}V = \int \dot{\sigma}_0(\boldsymbol{x}) \, \mathrm{d}V = 0 . \tag{6}$$

Here $R \subset E^m$ is a smooth m-dimensional manifold with a smooth boundary ∂R, $\partial_1 R$ and $\partial_2 R$ are disjoint parts of ∂R which together make ∂R, $\boldsymbol{x}$ denotes the position of a point with respect to rectangular Cartesian coordinates, $\boldsymbol{\nu}$ is an outward directed unit vector normal to the boundary at $\boldsymbol{x} \in \partial R$, $\mathrm{d}V$ is a volume measure on E^m, and a comma followed by an index j implies differentiation with respect to x_j.

Since we are requiring that σ_0 and $\dot{\sigma}_0$ belong only to $L^2(R)$ we can only hope to find a weak solution of (1). (E.g. see LIONS [11, p. 265]). If σ_0 and $\dot{\sigma}_0$ have, respectively, two and one generalized derivatives in $L^2(R)$ then σ will have two generalized derivatives with respect to $\boldsymbol{x}$ and t in $L^2(R)$. Reviewing the physics of the problem we note that if σ_0 and $\dot{\sigma}_0$ do not have compact support contained in R, then thermal disturbances will start propagating from the boundary into the interior of the body or vice versa. Thus one cannot expect equation (1) to have a smooth solution for all times and for all initial data which belong to $L^2(R)$. In this context see also COURANT and HILBERT [12, p. 673].

Proof of the Theorem

We propose to construct a solution of (1) by the GALERKIN method and will need the following result (GARBEDIAN [13]). The normalized eigenfunctions of the eigenvalue problem

$$\begin{aligned} &(K_{ij}\varphi_{,j}(\boldsymbol{x}))_{,i} = -\lambda\varphi(\boldsymbol{x}) , \qquad \boldsymbol{x} \in R , \\ &\varphi(\boldsymbol{x}) = 0 , \qquad \boldsymbol{x} \in \partial_1 R , \\ &\frac{\partial \varphi}{\partial \nu}(\boldsymbol{x}) = 0 , \qquad \boldsymbol{x} \in \partial_2 R , \end{aligned} \tag{7}$$

form a complete set in $L^2(R)$. Arranging the eigenvalues as $\lambda_1 \leqq \lambda_2 \leqq \lambda_3 \ldots$ and denoting the corresponding eigenfunctions by $\varphi_1, \varphi_2, \ldots$ we have $\lambda_1 > 0$ for $\partial_1 R \neq \Phi$ and when $\partial_1 R = \Phi$, $\lambda_1 = 0$, $\varphi_1 = 1/\sqrt{V(R)}$, $\lambda_2 > 0$. Here $V(R)$ stands for the volume of R. Furthermore, the sequence λ_n has no cluster point and $\lambda_n = O(n)$ for n large and greater than one. Let

$$\sigma^N(\boldsymbol{x}, t) = \sum_{n=1}^{N} h_n(t) \, \varphi_n(\boldsymbol{x}) , \tag{8}$$

where φ_n is an eigenfunction of the appropriate boundary value problem. Requiring that σ^N satisfy (1) and (4), we substitute for σ^N from (8) into these equations, multiply the resulting equations by φ_n, integrate these over R and thus obtain

$$\begin{aligned} &b\ddot{h}_n + c\dot{h}_n + \lambda_n h_n = 0 , \qquad n = 1, 2, \ldots, N , \\ &h_n(0) = \int \sigma_0(\boldsymbol{x}) \, \varphi_n(\boldsymbol{x}) \, \mathrm{d}V \equiv f_n , \\ &\dot{h}_n(0) = \int \dot{\sigma}_0(\boldsymbol{x}) \, \varphi_n(\boldsymbol{x}) \, \mathrm{d}V \equiv g_n . \end{aligned} \tag{9}$$

The solution of (9) is

$$h_n(t) = \mathrm{e}^{-\frac{c}{2b}t} \left[f_n \cos \mu_n t + \frac{g_n - \frac{c}{2b} f_n}{\mu_n} \sin \mu_n t \right]$$

*) See BATRA [10] for the definition of a loading device and the details of derivation of its linear constitutive relations.

in which $\mu_n = \frac{1}{2b}\sqrt{4b\lambda_n - c^2}$ and it has been assumed that all λ_n are distinct.

Should two or more eigenvalues λ_n be equal, the above solution is to be suitably modified. By following arguments essentially parallel to those used by LIONS [11, p. 265] who considered the problem for which $c = 0$, we can show that $\sigma^N(x, t) \to \sigma(x, t)$ as $N \to \infty$ in the space

$$V = \{u(x, t) \mid u(x, t): R \times (0, t) \to E^1,$$
$$\int u^2 \, dv + \int |\text{grad } u|^2 \, dV < \infty\} .$$

Therefore,

$$\sigma = \sum_{n=1}^{\infty} e^{-\frac{c}{2b}t}\left[f_n \cos \mu_n t + \frac{g_n - \frac{c}{2b}f_n}{\mu_n} \sin \mu_n t\right] \varphi_n(x) \tag{10}$$

is a weak solution of (1). We note that the definitions $(9)_{2,3}$ of f_n and g_n imply that these are FOURIER coefficients of the expansion of σ_0 and $\dot{\sigma}_0$ in terms of a complete set of orthonormal functions φ_n. Hence

$$\sum_{n=1}^{\infty} f_n^2 \leqq \int \sigma_0^2(x) \, dV , \qquad \sum_{n=1}^{\infty} g_n^2 \leqq \int \dot{\sigma}_0^2(x) \, dV . \tag{11}$$

We now prove that σ given by (10) exhibits the behavior (5). For the case when $\lambda_1 > \frac{c^2}{4b}$, we obtain from (10), (11) and the inequality

$$(a_1 + a_2)^2 \leqq 2(a_1^2 + a_2^2) , \tag{12}$$

the following

$$\int \sigma^2(x, t) \, dV \leqq 2 \, e^{-\frac{c}{b}t}\left[\left(\int \sigma_0^2 \, dV\right)\left(1 + \frac{c^2}{2b^2\mu_1^2}\right) + \frac{2}{\mu_1^2}\int \dot{\sigma}_0^2 \, dV\right],$$

which is the desired result. Now let $\lambda_1 = \frac{c^2}{4b}$ and $\lambda_2 > \frac{c^2}{4b}$. Then (10) becomes

$$\sigma(x, t) = e^{-\frac{c}{2b}t}\left[\left(f_1 + \left(g_1 - \frac{c}{2b}f_1\right) t\right) \varphi_1(x)\right] +$$
$$+ \sum_{n=2}^{\infty} e^{-\frac{c}{2b}t}\left[\left(f_n \cos \mu_n t + \frac{g_n - \frac{c}{2b}f_n}{\mu_n} \sin \mu_n t\right) \varphi_n(x)\right],$$

and therefore

$$\int \sigma^2 \, dV \leqq 2e^{-\frac{c}{b}t}\left[\left(\int \sigma_0^2 dV\right)\left(1 + \left(\frac{1}{\mu_2^2} + t^2\right)\frac{c^2}{2b^2}\right) + \right.$$
$$\left. + 2\left(\int \dot{\sigma}_0^2 \, dV\right)\left(t^2 + \frac{1}{\mu_2}\right)\right].$$

Since $e^{-\frac{c}{b}t} t^2$ is $O\left(e^{-\frac{c}{b}t}\right)$ as $t \to \infty$, we again get the desired result (5). Now envisage that

$$\lambda_i < \frac{c^2}{4b}, \qquad i = 1, 2, \ldots, P .$$

For this case (10) becomes

$$\sigma(x, t) = \sum_{n=1}^{P} e^{-\frac{c}{2b}t}\left[\left(f_n + \frac{g_n - \frac{c}{2b}f_n}{\bar{\mu}_n}\right)\frac{e^{\bar{\mu}_n t}}{2} + \right.$$
$$\left. + \left(f_n - \frac{g_n - \frac{c}{2b}f_n}{\bar{\mu}_n}\right)\frac{e^{-\bar{\mu}_n t}}{2}\right] \varphi_n(x) +$$
$$+ \sum_{n=P+1}^{\infty} e^{-\frac{c}{2b}t}\left[f_n \cos \mu_n t + \frac{g_n - \frac{c}{2b}f_n}{\mu_n} \sin \mu_n t\right] \varphi_n(x), \tag{13}$$

in which $\bar{\mu}_n = \frac{1}{2b}\sqrt{c^2 - 4b\lambda_n}$. The second term can be shown to satisfy (5) by arguing the same way as was done for the first case considered above. As for the first term we obtain by using (12) repeatidly,

$$\int \left(\sum_{n=1}^{P} h_n(t) \, \varphi_n(x)\right)^2 dV \leqq 2^{P-1} e^{-\left(\frac{c}{b} - 2\bar{\mu}_1\right)t} \times$$
$$\times \left[\left(1 + \frac{c^2}{4b^2\bar{\mu}_1^2}\right)\int \sigma_0^2 \, dV + \frac{1}{\bar{\mu}_1^2}\int \dot{\sigma}_0^2 \, dV\right].$$

Since $\lambda_1 > 0$, therefore $c/b - 2\bar{\mu}_1 > 0$ and thus the first term in (13) also decays exponentially as $t \to \infty$.

When $\partial_1 R = \Phi$, $\lambda_1 = 0$ and because of (6), $f_1 = g_1 = 0$ and the solution of (9) for $n = 1$ is $h_1 = 0$. In this case σ is given by (10) and the first term in the summation is identically zero. The preceeding arguments show that σ satisfies (5) in this case too.

References

1 CHESTER, M., Second Sound in Solids, Phys. Rev. **131**, 2013–2015, 1963.
2 ULBRICH, C. W., Exact Electric Analogy to the VERNOTTE Hypothesis, Phys. Rev. **123**, 2001–2002, 1961.
3 GURTIN, M. E. and A. C. PIPKIN, A General Theory of Heat Conduction with Finite Wave Speeds., **31**, 113–126, 1968.
4 BOGY, D. B. and P. M. NAGHDI, On Heat Conduction and Wave Propagation in Rigid Solids, J. Math. Phys., **11**, 917–923, 1970.
5 MÜLLER, I., The Coldness, a Universal Function in Thermoelastic Solids, Arch. Rat. Mech. Anal., **41**, 319–332, 1971.
6 GREEN, A. E. and N. LAWS, On the Entropy Production Inequality, Arch. Rat. Mech. Anal., **45**, 47–53, 1972.
7 BATRA, R. C., On the Fading Memory of Initial Conditions, Quart. Appl. Math., **31**, 363–371, 1973.
8 BATRA, R. C., On the Asymptotic Stability of an Equilibrium Solution of the BOUSSINESQ Equations, ZAMM, **55**, 727–729, 1975.
9 BATRA, R. C., Addendum to "A Theorem in the Theory of Incompressible NAVIER-STOKES-FOURIER fluids", Istituto Lombardo (Rend. Sc.) A, **108**, 699–704, 1974.
10 BATRA, R. C., On Non-Classical Boundary Conditions, Arch. Rat. Mech. Anal., **48**, 163–191, 1972.
11 LIONS, J. L. and E. MAGENES, Non-Homogeneous Boundary Value Problems and Applications, vol. 1, Springer-Verlag: Berlin/Heidelberg/New York 1972.
12 COURANT, R. and D. HILBERT, Methods of Mathematical Physics, Vol. II, Interscience Publishers, New York/London/Sydney, 1966.
13 GARABEDIAN, P. R., Partial Differential Equations, John Wiley & Sons, Inc., New York/London/Sydney, 1964.

Eingereicht am 28. 1. 1976

Anschrift: R. C. BATRA, Associate Professor of Engineering Mechanics, University of Missouri-Rolla, Rolla, Mo 65401, U. S. A.

ZAMM 57, 616–619 (1977)

H. L. BHATIA / M. C. PURI

Time-Cost Trade-Off in a Solid Transportation Problem

Introduction

This paper presents a time-enumerative technique for obtaining successive time-cost trade-off relationships in a given solid transportation problem. The technique is based on the concept of second best solution, third best solution and so on in a solid transportation problem. The algorithm developed in this paper starts with a solution giving the minimum transportation time and defining the concept of second best moves towards the optimality with respect to cost and generates time-cost trade-off relationships in the process. An example is added to illustrate the procedure.

The conventional *cost-minimizing solid transportation problem* is:

(I) Minimize $Z = \sum_{i=1}^{m} \sum_{j=1}^{n} \sum_{k=1}^{p} C_{ijk} x_{ijk}$

subject to

$$\sum_{i=1}^{m} x_{ijk} = A_{jk} , \qquad \sum_{j=1}^{n} x_{ijk} = B_{ki} , \qquad \sum_{k=1}^{p} x_{ijk} = E_{ij} ,$$
$$\sum_{j=1}^{n} A_{jk} = \sum_{i=1}^{m} B_{ki} , \quad \sum_{k=1}^{p} B_{ki} = \sum_{j=1}^{n} E_{ij} , \quad \sum_{i=1}^{m} E_{ij} = \sum_{k=1}^{p} A_{jk} , \tag{1}$$
$$\sum_{j=1}^{n} \sum_{k=1}^{p} A_{jk} = \sum_{k=1}^{p} \sum_{i=1}^{m} B_{ki} = \sum_{i=1}^{m} \sum_{j=1}^{n} E_{ij} ,$$
$$x_{ijk} \geqq 0 .$$

This problem has been studied by K. B. HALEY [4, 5, 6].

The *time minimizing solid transportation problem is*:

(II) Minimize $\left[\max_{(i,j,k)} t_{ijk} \mid x_{ijk} > 0\right]$

subject to (1)

This problem has been studied by the authors [1].

In the transportation sense, the notations above can be thought of as:

$\{i\}$ = index set of m factories producing k type of goods.
$\{j\}$ = index set of n destinations.
x_{ijk} = units of the kth type of goods transported from the ith factory to the jth destination.
A_{jk} = requirement at the jth destination of kth type of goods.
B_{ki} = availability of kth type of goods at the ith factory.
E_{ij} = total goods to be sent from the ith factory to the jth destination.
C_{ijk} = Cost of transporting a unit good of kth type from the ith factory to the jth destination.
t_{ijk} = time of transporting one unit of the kth type of goods from the ith factory to the jth destination.

Note that t_{ijk} is independent on the units of goods transported so long as $x_{ijk} > 0$.

In problem (I), the transportation time is not taken into consideration and it yields a solution giving the minimum transportation costs, while in problem (II), the transportation costs are not taken into consideration and it yields a solution giving the minimum transportation time. But there do exist problems wherein both, transportation costs and the transportation time are taken into consideration. For such a problem, in general, a solution that minimizes the one, the costs, say, does not minimize the others e.g. the time. In such a situation, the solution giving the minimum transportation costs and the one giving the minimum transportation time may not be acceptable to the decision maker and may be he likes to have a partial trade-off on cost to attain a certain degree of time advantage as per his needs and limitations. This gives rise to the problem of obtaining certain trade-off relationships between the transportation time and the transportation costs.

Theoretical Development

Theorem: *There always exists a basic feasible solution, which is optimal for the time-minimizing solid-transportation problem* [1].

Definition: Let T_1 be the minimum transportation time and Z_1 be the minimum transportation costs at time T_1. Let X_1 be the solution yielding this pair $[T_1, Z_1]$. Let T_2 be any other transportation time and $Z_2 (< Z_1)$ be the minimum costs at time T_2. Then the solution X_2 yielding this pair $[T_2, Z_2]$ is said to be *the second best solution*, if there does not exist any other solution X yielding a pair $[T, Z]$ satisfying

$$T_1 < T < T_2 \quad \text{and} \quad Z_2 < Z < Z_1 .$$

The pair $[T_2, Z_2]$ as yielded by the second best solution X_2 is the second pair in the list of trade-off relationships. In the same way, i^{th} *best solution* ($i \geqq 3$) can be defined.

Algorithm

The algorithm achieves the following:

(i) The minimum transportation time and the corresponding minimum costs.
(ii) Successive time-cost trade-off relationships.
(iii) The minimum transportation costs.

Step 1: Calculation of the minimum transportation time and the corresponding costs at this time:

Find the minimum transportation time, T_1 say [1]. To obtain the minimum costs Z_1 at this time, T_1, define a cost matrix $[C^1_{ijk}]$ as follows:

$$C^1_{ijk} = \begin{cases} C_{ijk} & \text{if} \quad t_{ijk} \leqq T_1 \\ \infty & \text{if} \quad t_{ijk} > T_1 . \end{cases}$$

Solve the problem:

$$\text{Minimize} \sum_{i=1}^{m} \sum_{j=1}^{n} \sum_{k=1}^{p} C^1_{ijk} x_{ijk}$$

subject to (1).

Let X_1 be the basic feasible solution yielding the optimal costs Z_1. Then Z_1 are the minimum costs at time T_1 and the solution X_1 yields the pair $[T_1, Z_1]$.

Step II (Calculation of the second best solution):

i) For the solution X_1 and the original matrix of costs $[C_{ijk}]$ find the dual variables u_{jk}, v_{ki}, w_{ij}, $i = 1, 2, \dots, m$, $j = 1, 2, \dots, n$, $k = 1, 2, \dots, p$, by the equations

$$u_{jk} + v_{ki} + w_{ij} = C_{ijk} ,$$

(i, j, k) ranging over the basic cells of the solutions X_1.

ii) Determine $\Delta_{rst} = C_{rst} - (u_{st} + v_{tr} + w_{rs})$ for all the non-basic cells.

iii) Determine a subset

$$S_1 = \{(i, j, k) \mid (i, j, k) \notin B_1, \Delta_{ijk} < 0, t_{ijk} > T_1\}$$

where B_1 is the set of basic cells of the solution X_1.
If $S_1 = \emptyset$, X_1 is a solution yielding the minimum cost and so that second best does not exist. Thus the process terminates.

iv) If $S_1 \neq \emptyset$, choose a cell $(r, s, t) \in S_1$ such that

$$t_{rst} = \min_{(i,j,k)\in S_1} t_{ijk} = T_2 \text{ (say)}.$$

In case, there is a tie, choose the one in which Δ_{rst} is the most negative. Introduction of this cell into the basis yields a solution $\bar{X}_2$ with transportation time T_2 ($> T_1$) and the corresponding cost $\bar{Z}_2$. Find the minimum cost Z_2 at time T_2 as explained in Step 1. Let this pair $[T_2, Z_2]$ be yielded by a solution X_2. Then X_2 is the second best solution.

The process of finding the ith best solution ($i \geqq 3$) is repeated till a stage, say the Nth, is reached when $S_N = \emptyset$. At this stage $\Delta_{rst} \geqq 0$ in all the non-basic cells (r, s, t) in which $t_{rst} > T_N$. Let the minimum cost at this time T_N be Z_N.

Z_N are the minimum transportation costs:

Let X_N be the basic feasible solution yielding the pair $[T_N, Z_N]$. As Z_N are the minimum costs at time T_N, $\Delta_{rst} \geqq 0$ when $(r, s, t) \notin B_N$, $t_{rst} \leqq T_N$.
Also

$$S_N = \emptyset \Rightarrow \Delta_{rst} \geqq 0 \quad \text{for all} \quad (r, s, t) \notin B_N, \quad t_{rst} > T_N .$$

Therefore,

$$\Delta_{rst} \geqq 0 \quad \text{for all} \quad (r, s, t) \notin B_N .$$

Hence Z_N are the minimum transportation costs.

Convergence

The procedure converges in a finite number of steps because

i) it involves movements from one basic feasible solution to another and these solutions are finite in number;
ii) no basic feasible solution is repeated as $T_i > T_{i-1}$, $i \geqq 2$.

Numerical Example

Consider the solid transportation problem as presented in table 1.

The minimum transportation time is $T_1 = 12$.

The solution X_1 giving the minimum costs at $T_1 = 12$ is:

$x_{131} = 6$, $x_{112} = 6$, $x_{122} = 3$, $x_{113} = 4$, $x_{123} = 3$, $x_{133} = 3$
$x_{211} = 9$, $x_{221} = 4$, $x_{212} = 12$, $x_{232} = 3$, $x_{223} = 6$, $x_{233} = 11$
$x_{311} = 6$, $x_{321} = 4$, $x_{331} = 5$, $x_{322} = 9$, $x_{332} = 5$, $x_{313} = 16$, $x_{333} = 2$.

The minimum costs as yielded by this solution are $Z_1 = 769$.

Time-cost trade-off relationship at the optimum time is (12, 769).

The solution X_2 giving the second best pair ($T_2 = 13$, $Z_2 = 503$) is:

$x_{111} = 1$, $x_{131} = 5$, $x_{112} = 9$, $x_{113} = 0$, $x_{123} = 6$, $x_{133} = 4$,
$x_{221} = 7$, $x_{231} = 6$, $x_{212} = 7$, $x_{232} = 8$, $x_{213} = 4$, $x_{223} = 3$, $x_{233} = 0$,
$x_{311} = 14$, $x_{321} = 1$, $x_{312} = 2$, $x_{322} = 12$, $x_{313} = 6$, $x_{333} = 12$.

The third best solution X_3 yielding the pair (15, 479) is given in table 2.

Now $S_3 = \emptyset$, the process terminates. The time-cost trade-of relationships are (12, 769), (13, 503), (15, 479).

The minimum transportation time is 12.

The minimum transportation costs are 479.

Table 1 (for c_{112} read t_{112}, and for c_{332} read t_{332})

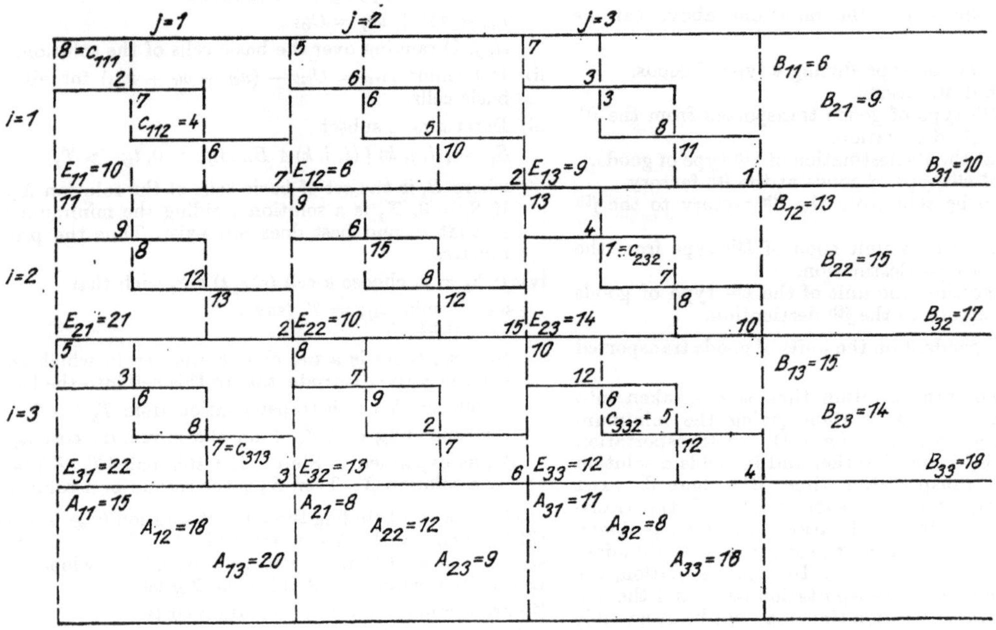

Table 2

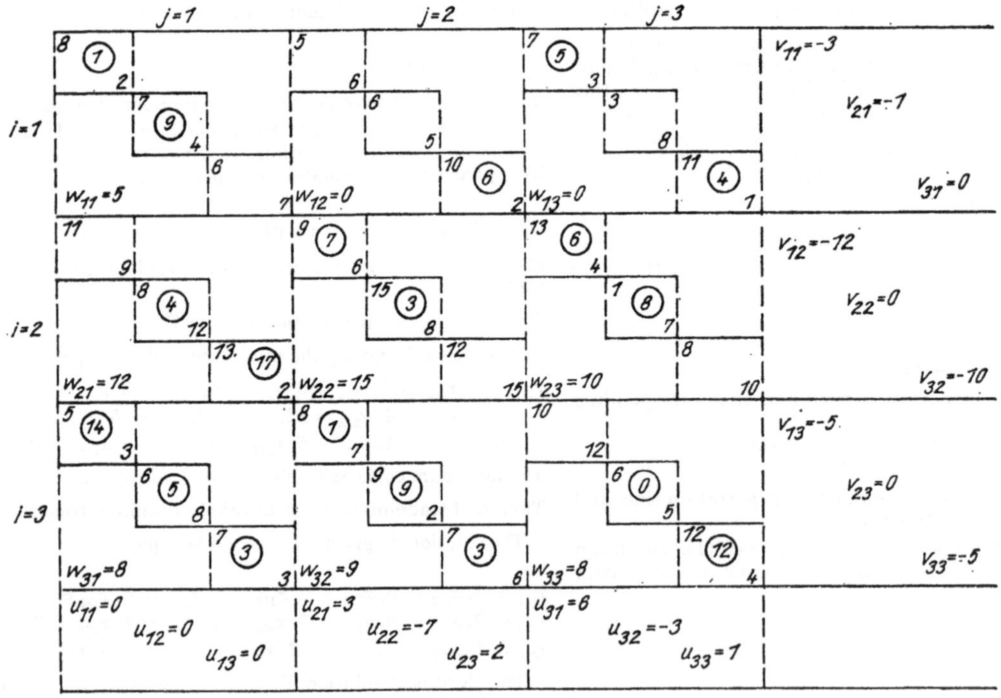

References

1 BHATIA, H. L.; SWARUP, KANTI; PURI, M. C., Time minimizing solid transportation problem, Math. Operationsforsch. Statis. 7 395–403 (1976).
2 GARFINKEL, R. S.; RAO, M. R., The bottleneck transportation problem, Naval Res. Logist. Quart. 18, 465–472 (1971).
3 HAMMER, P. L., Time minimizing transportation problem, Naval Res. Logist. Quart. 16, 345–357 (1969).
4 HALEY, K. B., The existence of a solution to the multi-index problem, Operations Res. Quart. 16, 471–474 (1965).
5 HALEY, K. B., The solid transportation problem, Operation Res. 10, 448–463 (1962).
6 HALEY, K. B., The multi-index problem, Operations Res. Quart. 11, No. 3 (1963).
7 HADLEY, G., Linear Programming, Addison Wesley Publishing Co. Inc. Reading, Massachusetts, U.S.A. 1962.
8 SCHELL, E. D., Distribution of a product by several properties, Proc, 2nd Sympos. Linear Programming, pp. 615–642, DCS/Comptroller. HQ, U.S. Air Force, Washington D.C. (Jan. 1955).
9 SZWARC, W., Some remarks on the time transportation problem, Naval Res. Logist. Quart. 18, 473–485 (1971).

Acknowledgement

We are extremely grateful to Dr. KANTI SWARUP, Professor, Indian Institute Public Administration, New Delhi and Dr. R. N. KAUL, Professor, Department of Mathematics, University of Delhi, Delhi for their continued help and inspiring guidance throughout the preparation of this paper. We are also grateful to the refree for his valuable suggestions for the improvement of this paper.

Eingereicht am 29.3.1976, revidierte Fassung am 1.9.1976

Anschriften: Dr. H. L. BHATIA, Lecturer, Department of Mathematics, P.G.D.A.V. College, (Univ. of Delhi), Nehru Nagar, New Delhi-110024;

Dr. M. C. PURI, Lecturer, Department of Mathematics, Hans Raj College, (Univ. of Delhi), Delhi-110007.

BUCHBESPRECHUNGEN

Dieudonné, J., éléments d'analyse, Bd. 5, Bordas 1975. Gauthier-Villars Éditeur. 224 p. F. 125.

Dieser 5. Teil des mehrbändigen Lehrwerkes von DIEUDONNÉ ist dem Studium der topologischen Gruppen, insbesondere dem Studium der kompakten und halbeinfachen LIEschen Gruppen gewidmet. Der Band beginnt mit einem Abschnitt über lineare stetige Darstellungen einer topologischen Gruppe (durch Automorphismen) in einem topologischen Vektorraum und gründet die folgenden Überlegungen weitgehend auf Sätze über die Darstellung der vollständigen HILBERTalgebra $L^2(G)$ einer kompakten metrisierbaren Gruppe G als HILBERTsumme einer höchstens abzählbaren Folge von einfachen Teilalgebren (minimalen Idealen), über davon abgeleitete Basen und Darstellungen der Gruppe durch Matrizenoperatoren. Den minimalen Idealen der Gruppe werden sogenannte Charaktere zugeordnet. Die halbeinfachen LIEschen Gruppen werden mit Hilfe der KILLINGschen Form definiert. Da von den kompakten zusammenhängenden LIEschen Gruppen nachgewiesen wird, daß sie Vereinigung von sogenannten maximalen Toren sind, folgen Ausführungen über maximale Toren, deren Darstellungen explizit angegeben werden können. Aus dem reichen Inhalt des Bandes seien hier nur einige weitere Stichpunkte genannt: Wurzeln einer Gruppe, Basen für Systeme von Wurzeln, WEYLsche Formeln und Basen, Komplexifikationen von Gruppen, Zerlegung von IWASAWA und LEVI, Kriterien für die Auflösbarkeit einer Gruppe (von CARTAN). Es ist fast überflüssig festzustellen, daß der bekannte Verfasser auch bei der Behandlung des Gegenstandes dieses 5. Bandes ganz und gar eigene, originale Wege geht und sogenannte klassische Resultate in einem allgemeinen Zusammenhang darbietet.

Greifswald L. BITTNER

Afriat, S. / Rama Sastry, M. V. / Tintner, G., Studies in Correlation, Multivariate Analysis and Econometrics, Göttingen. Vandenhoeck & Ruprecht. 1975. 149 S.

Der vorliegende Band enthält zwei Artikel. Im ersten werden Grundbegriffe der Korrelationstheorie, insbesondere Fragen der Basis von Räumen, Transformationen (orthogonale und verwandte Typen) auf Normalformen und Projektionen im Zusammenhang mit der kanonischen Korrelation behandelt. Ein Anhang über Eigenvektoren und Eigenwerte von Produkten zweier symmetrischer Idempotenten, der zum Teil sehr interessante Sätze über Matrizen enthält, vervollständigt diesen erten Teil.

Im zweiten Teil werden Zusammenhänge zwischen Ökonometrie und Informationstheorie vom Standpunkt der multivariaten Analyse untersucht, insbesondere Fragen der kanonischen Korrelation, Hauptkomponentenanlyse und Bayessche Schätzung in einfachen linearen Modellen.

Das Buch ist insgesamt für Spezialisten der Mathematischen Statistik, speziell der Ökonometrie zu empfehlen.

Berlin H. TOUTENBURG

Cameron, P. J. / Van Lint, J. H., Graph Theory, Coding Theory and Block Designs, Cambridge. Cambridge University Press. 1975. 114 S., £ 2.80 A. (London Mathematical Society Lecture Note Series 19).

Ihre unabhängig voneinander ausgearbeiteten Manuskripte für Vortragsreihen am Westfield College, London, dienten den Autoren als Grundlage für die vorliegende zusammenfassende und ergänzte Darstellung. Wie die Vorlesungen wendet sich der Band vor allem an fortgeschrittene (studierende und in der Forschung tätige) Mathematiker, die mit der Theorie der Designs, aber auch mit Kombinatorik im weiteren Sinne, mit Linearer Algebra und mit Teilen der Graphentheorie vertraut sind. Zentrales Thema bildet die Codierungstheorie, die eine umfassende Darstellung findet und vor allem im Blick auf Beziehungen zu kombinatorischen Designs entwickelt wird. Die konzentrierte exakte Herleitung einer Fülle komplizierter Sachverhalte stellt hohe Anforderungen an den Leser, die aber durch den Gewinn mancher tiefliegender Einsichten und vieler, Querverbindungen schaffender Übersichten belohnt werden. In die systematische Bereitstellung bekannten Materials eingebettet sind immer wieder eigene Resultate der Autoren. Ausgearbeitete Beispiele bereichern den Text, Übungsaufgaben werden nur gelegentlich gestellt. Hervorzuheben ist die sorgfältige Angabe der zugrunde liegenden Literatur, die inhaltlich oft nur skizziert werden konnte, und von weiterführender Literatur, jeweils als Ergänzung zum Text für interessierte Leser gemeint (74 Titel). — Inhalt: 1. A brief introduction to design theory, p. 1, 2. Strongly regular graphs, p. 11, 3. Quasi-symmetric designs, p. 19, 4. Strongly regular graphs with no triangles, p. 25, 5. Polarities of designs, p. 33, 6. Extension of graphs, p. 38, 7. Codes, p. 44, 8. Cyclix codes, p. 51, 9. Threshold decoding, p. 57, 10. Reed-Muller codes, p. 59, 11. Self-orthogonal codes and desiigns, p. 65, 12. Quadratic residue codes, p. 71, 13. Symmetry codes over GF(3), p. 81, 14. Nearly perfect binary codes and uniformly packed codes, p. 87, 15. Association schemes, p. 96, References, p. 107. Ein Stichwortverzeichnis beschließt den Band.

Berlin W. WESSEL

Breuer, R. A., Gravitational Perturbation Theory and Synchrotron Radiation, Berlin-Heidelberg-New York. Springer-Verlag 1975. VI u. 196 S., 20 Abb., DM 20,—. US $ 8.20 (Lecture Notes in Physics 44).

Die Strahlung, welche ein elektrisch geladenes mit ultrarelativistischer Geschwindigkeit umlaufendes Teilchen emittiert, ist hauptsächlich auf die Umgebung der Bahnebene und auf einen engen Bereich sehr hoher Frequenzen beschränkt. Die vorliegende Monographie hat das Analogon dieser bekannten Synchrotronstrahlung in der Gravitationstheorie zum Inhalt. Anlaß dieser Untersuchungen sind für den Verf. angeblich Gravitationsstrahlung anisotropen Charakters nachweisende Experimente. Dementsprechend diskutiert er einleitend auch andere fokussierende Mechanismen. Zur Synchrotronstrahlung übergehend, wird vorbereitend Winkelverteilung und Spektrum einer fiktiven skalaren Strahlung berechnet, die ein beschleunigtes Teilchen in der ebenen MINKOWSKIwelt erzeugt, und unter Hinweise auf den Fall Spin 1 und 2 (Elektromagnetismus und Gravitation) diskutiert. Die dem gestellten Problem angemessene Methode ist jedoch die Behandlung ruhmasseloser Felder als linearisierte Störungen irgendeiner gekrümmten Vakuum-Raumzeit. Die Definition solcher Störungen und verschiedene Formalismen zu ihrer Behandlung werden ausführlich dargestellt. Insbesondere ist es möglich, die Störungsgleichungen zu entkoppeln und zu separieren. Sodann wird eine Methode zur Beschreibung partiell polarisierter Wellen entwickelt, bei der die aus der Optik bekannten STOKESschen Parameter verallgemeinert werden. Auf der Grundlage dieser Überlegungen diskutiert Verf. abschließend im hochfrequenten Grenzfall Synchrotronstrahlung, die von Testpartikeln erzeugt wird, welche ein kugelsymmetrisches bzw. rotierendes schwarzes Loch umkreisen. Die Testpartikel sollen hierbei geodätische Weltlinien beschreiben. Da unter diesen Umständen offensichtlich überhaupt keine Strahlung auftritt, ist dieses Postulat lediglich als Näherungsannahme zulässig, solange die Strahlungsdämpfung die Weltlinie nur wenig beeinflußt. Bei wirklicher Gravitationsstrahlung ist darüber hinaus die Frage berechtigt, inwiefern eine solche überhaupt von Systemen ausgehen kann, die keinen (nichtgravitativen) Kräften unterworfen sind, also im Sinne der EINSTEINschen Theorie Trägheitsbewegungen ausüben. Von den offenen Fragen, die Verf. am Ende seiner Abhandlung formuliert, ist daher am wichtigsten die nach einer strengen Lösung der Einsteinschen Gleichungen, die sowohl die Quelle als auch die Strahlung beschreibt.

Dresden H.-G. SCHÖPF

Axelrad, D. R., Random Theory of Deformation of Structured Media, und Axelrad, D. R. / Provan, J. W., Thermodynamics of Deformations in Structured Media, Course held at the Dptt. of Mechanics of Solids 1971, Wien-New York. Springer-Verlag. 1971. zus. 57 S., 2 Abb., DM 12,90. $ 89,—. (SISM Courses and Lectures 71).

In diesen Vorlesungen werden Materialien betrachtet, deren Mikrostruktur durch einzelne kleine Körner gekennzeichnet werden kann, auf die stochastische Mikrospannungen wirken. Charakteristisch ist das Konzept einer mesoskopischen Region, die sehr viele derartiger Körner enthält, aber sehr klein im Vergleich zum makroskopischen Körper ist. Makroskopische Größen sind Mittelwerte über die Mesoregion. Makrodeformation und Makrorotation erscheinen in einer von der konventionellen Kontinuumsmechanik abweichenden Form, die an die Theorie der mikromorphen Medien erinnert. Es wird nun im Sinne der statistischen Mechanik ein Γ-Raum konstruiert, derart daß der gesamte physikalische Zustand der mesoskopischen Domäne durch einen Punkt in diesem Raum repräsentiert wird. Verf. führen dann ein „coarse graining" ein und stellen mit dessen Hilfe eine Mastergleichung für die irreversible Evolution der Makrodomäne auf. Deren response kann nach ihrer Ansicht mit dieser Methode auf Grund einer rohen Kenntnis der mikroskopischen Details in erster Näherung abgeschätzt werden.

Dresden H.-G. SCHÖPF

EINGEGANGENE BÜCHER

Bei der Schriftleitung sind folgende Bücher eingegangen (ausführliche Besprechung bleibt vorbehalten).

Stephani, H. / Kluge, G., Grundlagen der theoretischen Mechanik, Berlin. VEB Deutscher Verlag der Wissenschaften. 1975. 275 S., M 19,80. (Studienbücherei, Fachgebiet Physik)

Michlin, S. G., Approximation auf dem kubischen Gitter, Berlin. Akademie-Verlag. 1976. 204 S., 17 Abb., 36,— M.

Greub, W., Lineare Algebra, Berlin-Heidelberg-New York. Springer-Verlag. 1976. 230 S., 7 Abb., DM 16,80. US $ 6.90. (Heidelberger Taschenbücher 179)

Netz, H. (Hrsg.), Formeln des technischen Grundwissens, München-Wien. Carl Hanser Verlag. 1976. 454 S. DM 28,—.

Väliaho, H. / Pekkonen, T., A Procedure for Stepwise Regression Analysis, Berlin. Akademie-Verlag. 1976. 90 S., 18,— M.

Schäfer, W., Theoretische Grundlagen der Stabilität technischer Systeme, Berlin. Akademie-Verlag. 1976. 130 S., M 8,—. (WTB Mathematik-Physik 169)

Heinhold, J. / Behringer, F., Einführung in die Höhere Mathematik, Tl. 2: Infinitesimalrechnung, München-Wien. Carl Hanser Verlag. 1976. 563 S., 109 Abb., DM 44,—.

Schäffer, K.-A. (Hrsg.), Beiträge zur Zeitreihenanalyse, Göttingen. Vandenhoeck & Ruprecht. 1976. 152 S., DM 24,80. (Sonderhefte zum Allg. Statistischen Archiv 9)

Möller, H.-D., Probleme der statistischen Spezifikation der Struktur von Eingleichungsmodellen, Göttingen. Vandenhoeck & Ruprecht. 1976. 116 S., DM 32,—. (Studien zur angewandten Wirtschaftsforschung und Statistik 3)

den Heijer, C., Iterative Solution of Nonlinear Equations by Imbedding Methods, Amsterdam. Mathematisch Centrum. 1976. 45 S., (Afdeling Numerieke Wiskunde 32/76)

Padelt, E. / Laporte, H., Einheiten und Größenarten der Naturwissenschaften, 3., neubearb. Auflage, Leipzig. VEB Fachbuchverlag. 1976. 378 S., 10,80 M.

Boltjanski, W. G., Optimale Steuerung diskreter Systeme. Leipzig. Akademische Verlagsgesellschaft Geest & Portig. 1976. 326 S., 148 Abb., M 69,—. (Mathematik und ihre Anwendungen in Physik und Technik 36)

Stopp, F., Operatorenrechnung. Leipzig. BSB B. G. Teubner Verlagsgesellschaft. 1976. 154 S., 34 Abb., M 8,40. (MINÖL 10)

Bakker, M., Numerical Solution of Mildly Nonlinear Two-Point Boundary Value Problems by Means of Galerkin's Method. Amsterdam. Mathematisch Centrum. 1976. (Deptt. of Numerical Mathematics 27/76)

Verwer, J. G., Multipoint Multistep Runge-Kutta Methods I: On a Class of Two-Step Methods for Parabolic Equations, Amsterdam. Mathematisch Centrum. 1976. 36 S., (Deptt. of Numerical Mathematics 30/76)

Verwer, J. G., Multipoint Multistep Runge-Kutta-Methods II: The Construction of a Class of Stabilized Three-Step Methods for Parabolic Equations, Amsterdam. Mathematisch Centrum. 1976. 19 S., (NW 31/76)

Kok, J. (Hrsg.), Systematic Index of Numpas. A Library of Numerical Procedures in Pascal, Amsterdam. Mathematisch Centrum. 1976. 22 S., (NW 33/76)

Körner, J. G. / Kramer, G. / Schildknecht, D. (Eds.), Current Induced Reactions. International Summer Institute on Theoretical Particle Physics in Hamburg 1975, Berlin-Heidelberg-New York. Springer-Verlag. 1976. V, 553 S., DM 42,—. US $ 17.30 (Lecture Notes in Physics 56).

Liebig, H., Rechnerorganisation, Hardware und Software digitaler Rechner. Berlin-Heidelberg-New York. Springer-Verlag. 1976. X, 282 S., 102 Abb., DM 52,—. US $ 21.40.

Bei Fragen zur Produktsicherheit wenden Sie sich bitte an:
If you have any questions regarding product safety,
please contact:

Walter de Gruyter GmbH
Genthiner Straße 13
10785 Berlin
productsafety@degruyterbrill.com